식물하는
삶

식물하는
삶

최문정 지음

편안하게 걷는 식물 스튜디오
온이타의 식물 이야기

ₒIn

식물하는
삶

Prologue

오이타와 식물에 대한 이야기를 담은 책을 준비하면서 나는 매일 소박한 일기를 썼다. 처음에는 이야깃거리가 없어 한 문장을 쓰는 데 몇 시간이 걸릴 정도로 고되었지만 많은 일이 그렇듯 글 쓰는 어려움도 곧 익숙해졌다. 식물을 둘러싼 내 삶의 이야기를 생각하며 가만히 식물을 매만지다 보면 '이거다!' 싶어 다른 사람들에게 전하고 싶어지는, 찰나의 반짝이는 시간들이 생겨났다. 책을 쓰는 일을 계기로 나는 식물의 작은 변화에 더욱이 마음을 두게 되었다.

그 후로도 반짝이는 순간들은 틈틈이 나의 일상에 계속해서 찾아왔다. 크게 다를 것 없는 매일이었지만 그런 날엔 일기를 쓰고 더 만족스럽게 잠자리에 누울 수 있었다. 작고 기분 좋은 나날들이 지속되자 내 삶도 점점 더 만족스럽게 채워졌다. 어쩌면 삶의 많은 부분이 나의 마음가짐과 노력으로 가능한 일이었다는 것을 새삼스레 알 수 있었다.

어느덧 '식물하는 삶'에 대해 글쓰기를 시작한 지 일 년이 흘렀다. 겨우내 생기가 없던 가지에는 새순이 돋았고, 이를 보고 나는 다시 무언가 해볼 용기를 얻는다. 이 책을 만난 분들이 내가 그러했듯 저마다의 식물하는 삶을 들여다보고, 식물이 있어 채워지는 마음을 함께 느끼고, 또다시 새롭게 채워지기를 바라며.

식물하는
삶

Prologue

제 1 장

식물하는   Life
삶

제 2 장

사유하는   Plant
식물

제 3 장

오이타의　　　Job
일

Etc.

식물하는
삶

제 1 장

식물하는
삶

Life

나목의 운치

녹음이 지는 계절의 나무는 싱그러운 초록빛 잎으로 둘러싸여 아름답지 않을 수 없다. 하지만 가을이 다가와 단풍이 들고 겨울이 와서 낙엽이 지기 시작하면, 비로소 그 나무가 가진 고유의 얼굴을 들여다볼 수 있다. 이때 어떤 나무는 앙상한 가지가 볼품없이 느껴지기도 하고 어떤 나무는 가지에 감도는 분위기가 더해져 오히려 그 매력이 배가 되기도 한다.

나무와 함께 사계절을 보내는 느낌이란 여름에는 화려한 색의 옷을 입은 아름다운 미모로 내 마음을 흔드는 것만 같고, 겨울에는 감추어둔 내면의 소리를 들려주는 것 같다. 그래서인지 겨울이 오면 나무와 내가 한층 더 가까워지는 느낌이 든다.

그래서 나는 진정 멋있는 나무는 여름보다 겨울이 멋진 나무라고 이야기하곤 한다. 세월이 쌓인 그루터기, 묵은 가지, 그 가지에서 탄생한 작은 햇가지의 흐름을 가만히 보고 있자면 그 나무의 과거와 현재, 이어서 미래의 모습까지 아득히 상상해보는 즐거움을 경험할 수 있다.

적재적소

오피스텔에서 식물을 건강히 키워내기란 쉽지 않은 일이다. 작업실 근처 오피스텔로 독립을 하고 나서 가장 놀랐던 것은 바로 협소한 창문이었다. 바깥이 보이는 큰 유리창이 집의 한쪽 면을 차지하고 있긴 했지만 창문 너머로 또 다른 오피스텔이 있어 블라인드를 마음껏 올리고 생활할 수 없는 노릇이었다. 게다가 밀어서 열리는 창문은 위아래 50센티미터 정도의 작은 여유뿐이라, 자연과 좀 더 가까운 곳에 살고 싶다는 소망과는 한참 멀어진 이 집에서 나도 식물도 앞으로 어떻게 살아야 할지 걱정이 이만저만이 아니었다.

아쉽지만 시야를 풍성하게 채워주는 큰 식물을 들일 마음은 결국 접어두고, 작업실에서 작은 식물을 하나 데려오기로 했다. 이 식물은 조금 왜소한 수형으로, 잎이 풍성하거나 키가 큰 식물들에게 시선을 빼앗기던 처지라서 이따금 애잔한 시선으로 바라보곤 했던 아이였다.

이 식물의 이름은 황금국수나무. 잎은 묵을수록 황금빛을 띠고, 줄기는 마치 국수처럼 가늘고 하늘하늘한 흐름이 있다. 여리게 보이지만 목질화된 딱딱한 줄기가 단단한 기운을 풍겨서 닮고 싶은 구석이 있다. 뽐내지 않아 더욱 우아한 식물이다.

이 식물은 얼핏 보면 꼭 많은 사람이 모인 자리에서 꿔다 놓은 보릿자루처럼 어쩐지 의기소침하고 존재감이 없는 사람 같다. 하지만 개인적으로 만나면 활기 있는 달변가가 되어 '이 사람에게 이런 매력이 있었네!' 하는 신선한 인상을 주는 사람처럼 나의 삭막한 집에서 무엇보다 강한 생기를 뿜고 있다. 나의 선생님은 사람에게도, 식물에게도 각자 빛날 수 있는 자리가 따로 있다고 하셨다. 곧 사람도 식물도, 적재적소라고.

아담한 오피스텔에서 유일하게 빛과 통풍이 자유롭게 넘나드는 테이블 아래에 작지만 존재감 있는 나의 황금국수나무가 살고 있다. 눈에 잘 띄지는 않아도 시시때때로 내려다보는 기쁨이, 이 아이가 전하는 잔잔한 생기가 마음을 더 근사하게 채워준다.

아빠의 아침은 언제나 베란다에서 시작되었다. 베란다로 나가 문을 닫으면 곧 아빠의 세상이 펼쳐진다. 봄에는 봄대로, 여름이면 여름대로, 계절마다 그곳에서 아빠는 분주했지만 행복해 보였다. '오이타(Oita)'는 그런 아버지의 함자에서 발췌하고 병합하여 만든 이름이다. '최태흠'이란 함자 중 최(Choi)에서 oi를, 태(Tae)에서 ta를 내어 조합하였고, 여기에 '편안하게 걷다'라는 뜻을 가진 한자 他를 함께 표기했다. 생전에 식물에 대한 각별한 애정이 있었던 아버지의 뜻을 담아 귀한 마음으로 식물을 다루고 싶었고, 그러한 마음을 통해 많은 사람들에게 건강한 행복을 전하고 싶었다.

어릴 적 KBS1 방송국에서 하는 <열려라 동요세상>이라는 프로그램이 있었다. 여러 명의 초등학생들이 학교별로 출전해 동요를 부르고 심사를 받는 프로그램이었는데, 나 역시 우연히 학교 오디션에서 대표로 발탁이 되어 출연하게 되었다. 노란색 해바라기 옷을 입고 부들부들 떨며 동요를 부르는 우스꽝스러운 내 모습이 방영되던 날, 아빠는 동네 친구들을 고깃집으로 불러 떠들썩하게 자랑을 하셨더랬다. 기분 좋게 술기운이 오른 아빠가 집에 돌아오셔서 내 얼굴에 볼을 비비며 "친구들이 우리 딸 너무 예쁘다네~"라며 흥얼거리시던 모습을 잊을 수 없다. 아빠가 지금도 곁에 계시다면 아마 여전히 그런 말투이지 않을까, 그런 표정이지 않을까. 아빠는 오이타를 얼마나 마음 깊이 응원하실까 종종 눈을 감고 상상해본다.

아빠는 내가 스무 살이 되던 해 3월에 돌아가셨다. 우리와 오래 함께하지 못하리란 걸 아시고는 가족 반지를 맞춰오셨다. 사랑하는 이들을 남기고 가는 그 마음은 과연 어땠을까. 엄마의 세 돈짜리 반지 안쪽에는 아빠의 이름이 적혀 있고, 나와 오빠의 한 돈짜리 반지 안에는 그해의 연도와 '아빠가…'라는 문구가 새겨져 있다.

검지에 껴도 헐렁이던 반지가 세월이 흘러 이제는 약지에 알맞게 끼워진다. 같은 반지가 검지에서 약지로 옮겨지기까지 내 안에서 아빠를 생각하는 어떤 마음도 함께 넓어졌다.

모든 것은 영원하지 않다. 다시 돌아오지 않을 지난날을 곱씹어 추억할 뿐이다. 아빠가 돌아가시고 나서야 지난 흔적을 섬세히 찾아 모든 것들에 의미를 부여하게 됐다. 그렇게 아빠와의 접점을 찾다 보니 결국 아빠를 가장 잘 담아낼 수 있는 일로서, 아빠가 좋아했던 식물을 다시 바라보게 되었다. 그렇게 내 안에 아빠를 담은 식물의 마음이 점차 넓어지고 깊어진다.

(1)　　매주 수묵화를 배우고 있다. 어릴 적 한국화를 그릴 때 느꼈던 집중의 시간이 그리웠던 참이다. 가드닝 수업을 운영하면서 매시간 누군가가 식물에 진정으로 몰두할 수 있도록 애쓰고 있는데, 그 집중하는 과정을 보는 일이 나에게 큰 성취감으로 다가오는 것 같다. 무언가에 몰두하는 사람은 눈빛이 달라지고, 자연스럽게 공간의 분위기도 바꾼다. 수업에 임하는 내 마음이 어느덧 헐렁해질 즈음이면 열정이 가득한 눈빛으로 질문을 하는 수강생분들의 진지한 태도 덕분에 마음을 다시 바로잡는다. 나에게 신선한 열정을 불어넣어 주는 가드닝 수업은 그래서 언제까지나 이어가고 싶은 활동 중 하나다. 그러던 어느 날 식물에 열중하는 수강생분들을 보니 문득 부러운 마음이 들었다. 이제는 내게도 나만을 위한 집중의 시간이 필요한 시기라고 생각했다.

　　그렇게 등록한 수묵화 수업의 첫 시간에는 사군자의 난을 연습했다. 이론으로 읊어내던 동양난의 우아한 곡선미를 한지 위에 옮겨보는 시간이다. 잎줄기의 흐름을 따라가다가 난꽃의 청아한 얼굴을 떠올려본다. 종종 한곳에 몰려 피어나기도 하고 홀로 외롭게 피기도 하는 난꽃의 여러 가지 모습을 생각하다가 두 시간이 훌쩍 지나가 버렸다. 쏜살같이 흐른 집중의 시간이 꼭 나른한 오후에 단잠을 자고 일어난 것처럼 정신을 개운하게 만들었다.

(2)　　　"최대한 긴 선을 그려보세요." 선생님이 먹의 농담을 조절하는 연습이라며 과제를 주셨다. 먹과 물의 농도를 달리하는 기법으로, 뿌연 안개처럼 보이는 옅은 먹색(담묵)을 가장 짙은 먹색(농묵)으로, 선이 가장 짙은 먹색이 되면 또다시 옅은 안개의 색으로 한지 위에 한 칸 한 칸 선을 이어 나가는 것이다. 선을 길게 만들수록 내가 먹으로 표현할 수 있는 깊이에는 무한한 가능성이 생긴다. 색은 하나이지만 표현의 영역은 무한한 먹에 다시금 깊게 빠져들 것 같다.

그동안 작업했던 식물을 한지 위에 옮겨본다. 식물의 싱그러운 잎과 형형색색의 화분이 그림 속에서 색을 잃었지만, 오히려 색의 틀에 갇혀 있던 생각이 자유로워지면서 비로소 식물의 본질을 곰곰이 들여다볼 수 있게 되는 것 같았다. 먹의 농담을 조절해 화분은 옅게 칠하고, 강조하고 싶은 식물은 짙게 표현했다. 그랬더니 단색의 식물에 어느덧 입체감이 생기고, 그림에서 풍기는 남다른 분위기가 느껴졌다. 곡선이 들어간 식물의 줄기를 표현하려고 붓을 가볍게 쥐고 휘었더니 금세 줄기를 따라 살랑살랑 부는 바람이 느껴졌다.

평소 나의 작업처럼 실제 식물을 화분에 심어 두고 성장의 변화를 관찰하는 일도 큰 매력이 있지만, 한지 위에 먹으로 그려낸 식물은 비록 겉모양은 변함없을지라도 우리로 하여금 내면의 변화를 상상하게 하는 힘을 주는 것 같아 새로운 감동이 있다.

한 가지 색이지만 먹의 농담을 통해 무한한 깊이를 전하는 수묵화를 배우며, 식물도 담백한 식재를 하여 보는 이가 꿈꾸는 자연이 떠오르는 상상의 여지를 주고 싶다는 생각을 한다. 이렇듯 하루하루의 배움이 넘치는 수묵화 수업은 내가 요즘 진지하게 갖고 있는 취미 생활이다.

등산

어린 시절 주말엔 온 가족이 함께 산에 올랐다. 늦잠 자지 못하고 오전부터 산이라니! 부모님은 짜증 부리는 나를 어르고 달래어 기어코 차에 태우신다. 물론 그 덕에 등산의 상쾌함, 또 등산 후 청하는 낮잠의 기쁨을 알게 되었지만.

꾸준히 산행을 하다 보니 어느덧 요령도 생겼다. 산을 잘 타는 법, 이런 것이 아니다. 어린 시절 내 무릎을 탁! 치게 만들었던 요령은 바로 잘못한 일은 등산하면서 고백하기.
평소 마음속에서 쉽사리 꺼내지 못하는 어려운 이야기나 꾸지람 들어 마땅한 이야기들을 다 같이 정상을 찍고 내려오는 홀가분한 하산 중에 꺼내면 백발백중. "괜찮아. 그래. 그렇게 하자."라는 긍정의 답변이 돌아왔다. 이상하게도 자연 속에서 아빠의 마음은 더욱 자비로운 듯했다.

요즘 나는 등산길에서 '천천히 걷는 삶'에 대해 고찰하곤 한다. 출발이 빠른 사람은 어느새 나와 점점 격차가 벌어진다. 나는 왜 저렇게 빠르지 못할까, 언제쯤이면 좁혀질까? 도착하기 전에 다시 만날 수 있을까? 정상은 언제 나오지? 막막한 마음으로 열심히 걷다 보면 어느새 나를 앞질러 간 그 사람을 발견하게 된다. 그러고는 곧 그 사람을 앞질러 걷게 된다. 서두르지 않아도, 출발이 늦어도, 빠르지 않아도, 목표를 향해 분명히 가고 있다.

좋아하는 싱어송라이터 시와의 새 음반이 나와 전곡을 재생해 듣던 중 눈물이 차올랐다. 제목은 <나무의 말>. 너무도 빨리 곁을 떠난 우리 아빠에게 이 노래를 날려 보내고 싶다. 나는 어느새 이만큼 자라 제법 살아가고 있어요. 아빠, 땅속에 깊이 뿌리내린 내게 편안히 기대.

나는 어느새 이만큼 자라

제법 살아가고 있어요

지금껏 어리숙해 많이 헤매고

흔들려 떠돌기도 했지만

매일같이 다른 하루

새로운 시작

땅 속에 깊이 뿌리

단단하게 내리던 어제

하늘에 가지 높이 자라

잎을 빛내는 오늘

매일같은 다른 하루

새로운 시작

땅 속에 깊이 뿌리

단단하게 내리던 어제

하늘에 가지 높이 자라

잎을 빛내는 오늘

이제는 그만 마음 놓아

내게 편안히 기대

나의 그림자에 누워

시와 <나무의 말>

*시와, 3집 《머무름 없이 이어지다》 수록, 2014

논현동에서 식물 매장을 운영하던 시절을 나는 가장 힘들었던 때로 추억한다. 좋아하던 식물이 어느샌가 생명 없는 물건으로 보이고, 지나가던 손님이 "구경 좀 할게요." 하고 들어와도 테이블에 앉아 일어나지 않는 불친절한 내 모습도 있었다. 희망찬 포부를 가지고 오픈했지만 강남의 월세는 열심히 일하는 것만으로는 감당하기 버거웠다. 한 달을 열심히 일해서 번 수입은 월세와 유지비로 전부 빠져나가고 휴가철에는 매출이 떨어져 사비로 충당한 적이 많았다. 번지르르한 상가에서 가게를 운영하면서도 정작 점심값이 아까워 집에서 도시락을 싸 왔던 그때는 모든 의욕이, 친절함과 상냥함이, 열정이 바닥을 쳤다. 직원에서 운영자가 되어 처음 가게를 운영하면서 '이거 어지간한 마음가짐으로 임해서는 식물이고 내 인생이고 세상 밖으로 나가떨어지겠다'며 스스로를 단단히 다시 단련해야 했던 내게 꼭 필요했던 암흑기였다.

아파트 상가에 자리했던 매장은 그 지역의 주민들이 주 고객층이다. 간단한 꽃다발이나 아파트에서 잘 사는 식물을 주문받아 매일매일 성실하게 내어드리는 일. 그렇게 하다 보니 어느샌가 내가 좋아하는 식물보다 그 지역에서 잘 팔리는 식물, 사람들이 자꾸만 찾는 식물을 만드는 것이 중요하게 느껴졌다. 내가 좋아하고 잘하는 일에 대해 고민하는 건 무의미했고, 고민할 생각조차 하지 못했다.

노력해서 매출이 올라도 만족감이 덜하니 크게 기쁘지 않았다. 이렇게 하다가는 이 일 자체를 오래 지속할 수 없겠다는 결론을 짓고 가게를 정리했다. 내게 맞지 않는 옷을 입고 불편하게 걸어보니 이제야 내 몸에 편안하게 맞는 옷이 무엇인지 알게 되었다. 그간 참 많은 어려움이 있었지만 되돌아 생각해보면 뭐든 시도해보길 잘했다는 생각이 든다. 외관이 번지르르한 매장은 더 이상 나를 설레게 하지 않는다. 이제부터 실속 있게 내가 하고 싶은 식물을, 내 방식대로 해보겠노라 다짐했다.

그런 이유로 언제나 내게 편안한 인상을 주던 종로를 찾아오게 되었다. 오래되었지만 푸근한 느낌이 드는 건물. 2층이지만 따뜻한 볕이 드는 6평 남짓한 옷 수선가게에서 새로운 이름으로 '오이타'를 시작하게 된 것이다.

취향대로 식물을 심고 가꾸는 일부터 손님을 맞이하는 일까지, 숨어 있는 이곳을 멀리서 찾아주시는 손님들이 한 분, 한 분 어찌나 소중하던지 "와주셔서 감사합니다. 진심으로 감사합니다." 하는 인사를 참 기쁘게 했고 또 많이 전했다. 비싼 땅값을 내면서도 손님에게 감정 없이 고개만 꾸벅 숙였던 내가 이곳에서는 손님을 이토록 소중히 맞이할 수 있는 건 어떤 이유에서일까? 그제서야 알 수 있었다. 사적이고 긴밀한 공간, 시간, 사람과의 관계, 그 모든 것이 작고 촘촘하게 연결되는 것이 좋다. 그것이 바로 내게 딱 맞는 옷이었다.

큰돈이 필요한 것도, 큰돈을 버는 것도 아니었지만 좋아하는 일을 내 뜻대로 소박하게 이어가다 보니 어느새 모든 것이 편안해지고 행복해졌다. 주변에서 얼굴이 좋아졌다는 이야기를 많이 건넸다. 어떤 지인은 "종로가 터가 좋아 네가 잘되나 봐."라고 땅 기운의 힘을 빌려 이야기를 하기도 했다.
땅의 기운이라는 게 뭘까? 과학적 근거도, 설명할 수 있는 뚜렷한 이유도 찾을 수 없지만 이곳으로 이사를 오고 나서는 행복하고 안정된 삶을 살고 있으니 어쩌면 내가 밟고 걷는 땅의 기운이 정말 내게 선한 양분이 되는 게 아닐까 생각하곤 한다.

공간과 식물

매일 지나치던 내자동 골목 안에 공사가 한창이다. 부분 부분 섬세히 뜯어볼 수 있는 흥미로운 소재가 가득한 한옥이었다. 유려한 아름다움이 느껴지는 기와를 보니 머릿속에 자연의 경치가 그려져 마음이 잔잔하게 일렁였다.
옛것과 새것이 조화롭게 어우러지도록 한옥을 현대적으로 재해석하여 공사 중인 카페라고 한다. 이곳에 어울릴만한 식물을 컨설팅해달라는 두드림을 받고 방문한 차다.

지붕의 기와는 눈과 빗물의 침수를 차단하여 부식을 방지하는 역할을 하지만, 주변 경관과 자연스레 어우러지도록 곡선의 미를 낸 민족의 정서도 담겨 있다. 이런 기와는 가드닝에서도 유용한 쓰임이 있다. 움푹한 곡은 식물의 뿌리를 담는 화분의 역할도 하고, 쓰러지지 않게 잡아주는 안정된 받침의 역할도 훌륭히 해낸다.

세월을 담아 색이 바랜 기와 위에 식물을 올렸다. 식물도 포근한 집에 자리를 잡은 듯 기와의 품 안에서 편안해 보인다. 기와와 함께한 식물은 황칠나무 이끼 볼. 화분 대신 흙을 감싸는 이끼로 자연미를 드러낸 원초적인 가드닝 방법 중 하나다. 작품을 둘러싼 모든 것이 자연이므로 편안한 감정을 일으키는 이끼볼은 조용히 명상하게 만드는 힘이 있다. 이곳 입구에서 기와 위에 올려진 이끼 볼 식물들은 제 나름의 방식으로 손님들을 맞이할 것이다. 옛것의 고즈넉한 정취를 기반으로 가꾸어진 이곳을 찾아준 분들께 쉼을 전하는 식물이 되기를 바란다.

공간에 자리한 식물은 우리에게 다채로운 기쁨을 준다. 봄에 새순을 내는 탄생의 기쁨, 싱그러운 여름 녹음의 기쁨, 붉은 단풍으로부터 변화의 기쁨, 가지의 운치를 감상하는 겨울 나목의 기쁨까지. 카페에서 몇 번의 계절을 보내며 식물과 함께한 운영주께서는 곳곳에 식물을 좀 더 두는 일을 의뢰하셨고 카페 안 어떤 공간에는 매달 새로운 식물을 소개하고 싶다고 했다. 현재는 이곳에서 매달 계절에 아름다운 식물을 주기적으로 교체하여 선보이고 있다.

공간에서의 식물, 식물을 보는 사람, 사람이 하는 생각, 생각이 만드는 행동, 그러한 행동이 모인 삶. 공간에서의 식물은 누군가에게 가치 있는 삶을 지속하게 하는 힘이 되어준다.

"라떼는 말이야." 유행처럼 번진 이 말을 나는 참 좋아한다. 과거를 추억하는 일은 낭만이 있다. 추억을 이야기하는 사람의 얼굴을 가만 들여다보면 그 사람의 눈빛과 표정이 마치 그때로 돌아간 것처럼 아련해지고 나도 덩달아 입꼬리를 들썩이게 된다. 기억을 더듬을 때 잠시 말을 멈추고 갖는 느린 호흡을 가만히 기다리는 일은 나를 더 긴장하게 하고 또 설레게 한다. 내가 진심으로 공감해 들을 때면 이야기하는 사람은 그 순간으로 더욱 깊이 빠져든다. 나는 그저 경청한 것일 뿐인데 큰 역할을 해낸 것처럼 뿌듯함을 느낄 때가 많다.

어린 시절의 나는 미련이 많은 사람이었다. 행복한 이 순간이 지나가 버린다는 두려움에 현재를 즐기지 못하는 때가 많았다. 그래서 지나간 순간을 언제든 들추어보고 곱씹을 수 있도록 기록을 하기 시작했다. 영화 티켓을 모은 앨범을 만들어 이 영화는 어떤 날 누구랑 보았는지, 점심과 저녁은 뭘 먹었는지 티켓 하나로 그날 하루를 추억하는 것이었다. 그리고 사진을 찍고 감상을 적어 공유하는 블로그를 오래 운영했다. 지난날의 무언가가 그리워질 때면 블로그에 들어가 그 단어를 검색해보았다. 차곡차곡 쌓인 기록을 살피어 보다 보면 마음이 자연스레 달래졌다. 시간은 흐르고 모든 건 변화하지만 기록하지 않으면 언제나 떠나보내기만 해야 할 것이다. 나 같은 사람들이 모여 서로에게 소중한 것들을 알아봐주고 인정해주는 그 플랫폼이 한때 나의 가장 큰 즐거움이었다.

식물도 늘 변화한다. 이처럼 변화하는 식물의 삶에서 간직하고 싶은 지금의 모습이 있다. 다시 그림을 배우고 나서는 내가 특별히 기억하고 싶은 식물의 모습을 담기 위한 연습을 한다. 먹의 은근한 운치가 훗날 식물의 지금을 더 근사하게 비춰줄 것만 같다. 어렵사리 완성한 그림을 바라보니 이제는 이 식물의 변화가 아쉽지 않은 마음이 들어선다. 기록은 다음을 맞이할 힘을 주고 과거를 추억하는 일은 낭만이 있다.

둥구나무 아래
홍례 씨

평생을 한곳에서 사는 삶은 어떨까? 대전의 끄트머리 외진 시골 마을에는 97세 홍례 씨가 살고 있다. '홍례'라는 이름을 떠올리기만 해도 나는 입가에 미소가 번지고 웅숭깊게 사랑이 일렁인다.

그녀는 바로 나의 외할머니이다. 내가 할머니를 생각하는 대단히 애틋한 마음을 알고 있는 사람들은 혹시 어릴 적에 할머니 손에 컸느냐는 질문을 종종 한다. 사실 할머니께서 나를 키워주신 적도 없고, 우리 사이에 특별한 에피소드가 있는 것도 아니지만 할머니를 생각하는 내 마음은 어린 시절부터 조금씩 커져온 듯하다.

부모님과 함께 외할머니댁에 가는 날이면 무척 신이 났다. 시골길에 들어서는 도로 양옆에는 도심에서 볼 수 없는 우거진 나무가 빼곡히 서 있어서 나는 그 길을 지날 때면 창문을 끝까지 내려 고개를 내놓곤 했다. 봄, 여름, 가을, 겨울, 계절마다 그 길목은 매번 다른 세계에 들어온 것처럼 새로운 풍경과 정취를 선물했다. 어릴 적 외할머니를 뵈러 가는 일이 무척 기다려졌던 이유는 무엇보다 자연이 주는 풍성한 볼거리가 넘쳤기 때문이 아닐까 생각한다.

그렇게 우거진 나무가 가득한 도로를 달리다 좁은 골목으로 들어서면 할머니가 살고 계신 작은 마을이 나온다. 마을을 지키는 커다란 나무 아래 키 작은 형형색색 집들이 모여 있는 이곳의 풍정은 너무나 특별하다.

동네 초입에는 관록이 느껴지는 둥구나무(크고 오래된 정자나무)가 있다. 서로의 삶을 깊숙이 나누는 마을의 이웃 할머니들은 이 둥구나무 아래에 모여서 점심을 나누어 드시기도 하고 단잠을 주무시기도 한다. 엄마의 어린 시절에도 이 둥구나무 그늘 아래에서 추억이 많다고 들었다. 이 나무 아래에서 엄마는 어떤 아이였을까? 할머니는 어떤 모습이었을까? 나무가 얼마나 많은 이들의 삶을 지켜보았을지 헤아릴 수 없다. 긴 세월이 흘렀어도 나무는 그대로인 것만 같은데 나무 아래에서 놀던 엄마는 벌써 엄마가 되었고, 할머니는 벌써 할머니가 된 것이 애잔하다. 이따금 할머니 댁에 다녀올 때면 조금씩 쇠약해지는 할머니와 나이테를 쌓아 점점 두터워지는 나무의 다른 시간에 대해 생각한다. '나무의 시간은 인간의 시간과 다르다. 내용이 다르고 진행 방향이 다르다.'라는 김훈 작가님의 어느 책 속 문장이 머릿속에 맴돈다. 그리고 내가 일을 통해 나오는 다른 시간을 사는 생명을 다룬다는 생각에 어쩐지 더 깊은 책임감이 느껴진다.

할머니가 계신 시골이 좋았던 다른 이유는 다정한 관심 때문이었다. 마을에 도착하면 둥구나무 그늘에 앉아 계시던 할머니들이 다가오셔서 어떤 할머니를 보러왔느냐 물으셨다. 외부인의 걸음이 드문 동네이기에 누군가 오면 분명 이 동네 할머니의 가족인 것이 분명했다. "홍례 할머니를 뵈러 왔어요." 하고 말씀드리면 또다시 "네 엄마 이름이 뭐냐." 물으신다. 엄마 이름을 말씀드리면 "아이고, 네가 그 집 막내딸의 딸이구나. 아장아장 걸을 때가 엊그제인 것 같은데 언제 이렇게 컸냐."라며 기억을 되짚으신다. 이곳에 오면 내가 누구나의 손녀인 것처럼 푸근히 대해주시는 마음이 참 좋았다.

모르는 사람의 관심과 호의를 의심해야 안전하다는 세상 속에 살다가 이 작은 마을에 들어서면 마음의 벽을 허물고 모두를 가까이 대할 수 있다. 이게 얼마나 귀한 일인지 커가면서 더욱 실감하게 된다. 평생 큰 경계가 없는 삶을 산 홍례 할머니의 마음은 너무나 여리고 정겨워서 내게 늘 좋은 영향을 주는 것이고, 그렇기에 내가 더욱 소중히 지켜주고 싶은 대단히 특별한 사람이 되었다.

할머니가 계신 이곳에서 언제까지고 푸근한 환대를 받고 싶다는 생각을 한다. 마을에 계신 어르신들이 자꾸만 작아지지 않고 건재하셨으면 좋겠다.

　　식물을 조금 아는 분들이라면 '웃자랐다'라는 말을 많이 들어
본 적도, 써본 적도 있을 것이다. 웃자랐다는 말은 '도장했다'라고도
이야기할 수 있는데, '도장하다'란 말은 국어사전에 의하면 '식물의 줄
기나 가지가 보통 이상으로 길고 연하게 자란다'는 뜻이다.
종종 이런 글과 사진을 접할 때가 있다. "화원에서 분명 천천히 자라는
식물이라고 했는데 우리 집에 와서 한 달 만에 이만큼 자랐어요! 쑥쑥
커라. 식물아!"(도장한 식물은 잎과 잎 사이의 간격이 넓다.) 이런 글을 볼
때면 안타까운 생각이 들지만, 또 다른 마음 한구석엔 식물을 키우는
데 과연 정석이라는 것이 있을까 하는 생각이 든다. 누군가에게 쑥쑥
크는 식물의 생장이 즐겁고 행복한 일이 된다면 그건 그 나름대로 자
연스러운 키움이 아닐까. 하지만 식물이 내내 그렇게만 자란다면, 당
분간은 생장의 기쁨을 맛보겠지만 먼 훗날까지 오래도록 함께하는 식
물이 되지는 못할 것 같다.

도장한다는 말은 '도둑질해서 성장한다'라고 생각하면 기억하기 좋다. 식물이 도장하는 이유는 수분이 과할 때나 실내에서 받는 햇빛(채광)이 부족할 때, 그리고 식물 생육에 필요한 성분 중 질소(N)가 과다할 때이다. '질소 과다'라는 말은 (질소가 포함되어 있는) 비료를 많이 주었을 때를 이야기한다. 양분을 주는 것은 분명 식물에게 힘을 주는 중요한 과정이지만 이 또한 과하면 탈이 나는 것이다. 물도, 양분도 모든 것이 적당해야 식물이 건강하고 이상적인 모습으로 자랄 수 있다. 한옥으로 이사를 마치고 겪은 어떤 상황으로부터 내가 느낀 감정은 꼭, 이렇게 양분을 너무 많이 먹고 도장해버린 식물 같았다.

한옥 지붕의 틀을 구성하는 서까래와 마당의 디딤석이 주는 든든한 분위기, 꼭 필요한 것만 갖추어 단정한 마음가짐을 느낄 수 있는 실내 공간은 식물과의 아름다운 어우러짐을 떠올리기 충분해 내가 한옥으로 이사를 결심한 가장 큰 이유가 되었다.
그런데 막상 작업실의 가구와 식물, 잡다한 짐들을 한옥으로 옮겨놓고 나니 한옥의 운치는커녕 한옥은 한옥대로, 식물은 식물대로, 가구는 가구대로 저마다의 강한 개성으로 시선을 빼앗는 바람에 여백이라고는 찾아볼 수 없는 공간이 되어버린 것이다. 한옥은 한옥 그 자체만으로도 볼거리가 많은 공간인데, 여러 요소들이 제각각 개성을 뽐내고 있는 모양새가 말 그대로 포화 상태였다.

그래서 마음을 굳게 먹고 다시 비워내기 시작했다. 3년 전 평생 쓰겠다는 생각으로 큰맘 먹고 제작했던 소나무 원목 테이블은 눈물을 머금고 1/3이나 잘라내었고, 자주 쓰지 않는 물건도 가능한 한 모조리 정리하고 식물도 많이 나누었다. 그럼에도 비워내려면 한참 멀었구나, 생각하던 차에 부모님이 오셨다. 한 꾸러미의 짐과 함께. 마당에 깔 카펫, 편안하게 신고 다닐 푹신한 쿠션이 있는 욕조 슬리퍼 세트, 마당의 여백 공간을 틈틈이 메워줄 철제 선반, 안쪽 방에서 나의 삼시 세끼를 책임져 줄 인덕션 등… 오후 내내 이사한 딸에게 필요한 게 뭐가 있을까 이곳저곳을 돌아다니며 구입해오신 짐 꾸러미다. 설레는 말투로 짐을 하나씩 꺼내며 설명하시는 부모님을 보고 마음이 요동쳤다. 이걸 다 준비하시느라 얼마나 애쓰셨을까 하는 고맙고 죄송한 마음과, 응원만으로도 충분한데 괜히 내게 해결해야 할 짐을 더 얹어주신 것 같다는 이기적인 생각이 함께 떠올랐다. 결국 백번 양보하는 마음으로 몇 가지는 받고, 몇 가지는 환불을 요청드렸다. 이런 과정에서 나는 나대로, 부모님은 부모님대로 마음이 꼬여 며칠을 데면데면하다가 내가 그렇게 할 수밖에 없었던 이유와 감사하고 죄송한 마음을 적은 짧은 편지를 보내며 다행히 모두가 기분 좋게 잘 마무리되었다.

부모님이 나를 위해 사 오신 물건들을 정리하면서 나는 비료를 과다하게 주어서 도장해버린 가지에 대해 생각했다. 넘치는 사랑으로, 넘치는 양분으로 사람도 식물도 훌쩍 자라기는 하지만 어긋나버린다. 정말, 살아 있는 모든 것이 같구나.

*질소(N) 성분은 식물의 잎과 줄기를 자라게 하는 역할을 하므로, 새순이 돋는 봄에는 질소 위주의 비료를 주는 것이 좋다. 가을에 질소가 포함된 비료를 과다하게 줄 경우 식물은 도장하기 쉽다. 도장되어 자란 식물은 모양이 예쁘지 않을 뿐 아니라 꽃눈이 생기지 않을 수 있고, 병충해에 잘 걸릴 수 있으며 추위를 견디는 힘도 약하다.

나이가 지긋한 신사 할아버지가
다녀가셨습니다

나이가 지긋한 신사 할아버지가 다녀가셨습니다. 어릴 때 농대를 나오셨다고 해요. 이제는 취미로 식물을 가꾸고 계신데 요즘은 어떤 새로운 기술이 생겼는지 궁금해 찾아오셨다고 했어요. 식물에 대해 이런저런 이야기를 나누다가 문득 저에게 무슨 띠인지, 출생연도가 언제인지를 물으셨어요. 그러고는 애처롭게 쪼그라든 잎을 겨우 달고 있는 듯한 낙엽수 분재를 가리키며 식물도 이렇게 낙엽이 지면 볼품이 없지 않느냐고, 사람도 마찬가지이니 그 전에 시집을 가라고 말씀하시더군요. 물론 맞는 말씀이라 신경을 써주시는 감사한 마음만 잘 넣어두었어요. 그런데 이런 말이 떠올랐어요. '진정 멋진 나무를 보려면 잎을 모두 떨구어낸 겨울의 나목을 보아라.' 하는 말이요. 푸른 잎이 돋은 나무는 모두가 멋지고 예쁘지만 낙엽이 지고 가지만 남은 겨울이 되어야 비로소 나무 본래의 모습을 볼 수 있어요. 그때가 되어서야 얼마나 잘 가꾸어진 나무인지 그 가치를 가늠할 수 있다는 거예요. 겨울에도 멋진 나무를 생각하니 어쩐지 기운이 났던 이야기를 나누고 싶었어요.

취미반 수강생 희영 님의
인터뷰

Interview

오늘은 취미반 수강생인 희영 님을 인터뷰하며 식물
과 함께하는 삶에 대해 이야기를 나누어보았다. 회
사도 멀고 특별한 목적이 있는 것이 아니지만 퇴근
후 피곤한 저녁에도 꾸준히 취미반을 수강하시는 모
습에 희영 님에게 식물은, 그리고 이 시간은 어떤 감
상을 전해주는지 궁금해졌다.

자기소개를 해주세요.

저는 **전자 7년 차 UX 디자이너 정희영이라고 합니다.

저와 함께 식물 수업을 하고 계신데요. 취미반 수업을 듣게 되신 계기가 어떻게 되는지 여쭤봅니다.

올 초에 제가 넓은 공간으로 이사를 가게 되었어요. 빈 공간에 식물을 들이는 건 어떻겠냐는 남자친구의 추천으로 한남동에서 열린 '뉴 리프 팝업 스토어'에서 오이타의 식물을 처음 구입했어요. 제가 식물 키우는 건 처음이라 이 식물을 더 많이 알고 싶고 잘 키워내고 싶은 마음에 오이타에 직접 연락을 해서 가드닝 수업을 듣게 되었습니다.

수업은 어떠셨나요? 주로 어떤 것들이 기억에 남았는지요?

처음 4주 동안은 매주 다른 종류의 식물을 접하면서 각 식물에 대한 특성과 각기 다른 관리 방법을 배웠는데요. 제가 식물에 대한 기본 지식이 전혀 없었기 때문에 모든 것이 새롭고 신기했습니다. 첫 시간에 병솔나무를 심고 집에 데려갔는데 일주일 만에 새싹이 정말 많이 자랐어요. 그동안 저는 식물을 잘 못 키우는 사람이라고 생각했는데 그때 처음으로 저의 가능성을 봤달까요. 하하. 그리고 제가 직접 심어서 그런지 이 식물에 더 애착이 가는 것 같습니다. 어떤 흙에 어떻게 심었는지를 알기 때문에 건강한 환경에 뿌리를 내리고 있다는 신뢰도 가고요. 기억에 남는 순간은 선생님이 제가 색이 다른 세 가지 마감재로 '카레'처럼 연출한 걸 보고 이렇게 하는 사람은 처음 본다고 웃으셨던 얼굴이 특히 기억에 납니다.

수업 시간에 명상 수업에 대한 감상을 이야기하셨던
게 생각납니다. 평소 다양한 문화 수업에도 관심이 있으신 것 같
아요. 명상 수업은 어떠셨나요? 명상 수업 후에 달라진 점은요?
네. 두 달 동안 MBSR이라는 명상 수업을 들었어요. MBSR
(Mindfulness Based Stress Reduction program)은 '대상에 주의를
집중해 있는 그대로 관찰하는 것'이라는 의미를 지닌 마음
챙김 명상이라고 하더라고요. 처음에는 휴식한다는 마음
으로 명상을 쉽게 시작했어요. 그런데 배워 보니 생각보다
이론이 체계적이고 공부가 많이 필요하더라고요. 덕분에
내면을 깊이 있게 관찰하는 연습을 많이 한 것 같아요. 명
상을 배우기 전에는 식물이 자라는 속도와 건강 상태에 굉
장히 예민했는데, 있는 그대로를 관찰하는 연습을 하다 보
니 식물이 어떤 모습으로 어떻게 자라든 그대로를 인정하
게 되었어요. 천천히 자라도 괜찮다고요. 그러다 보니 집
에서 가만히 식물을 바라보는 시간이 전보다 훨씬 늘어났
습니다. 저는 이 시간이 너무 좋아요. 마음이 편안해져요.

그러셨군요. 식물을 키우는 데도 좋은 영향을 끼친 것
같아 유익한 시간이었겠어요. 회사 다니시면서 명상 수업이나
식물 수업을 병행하시는 것이 피곤하진 않으셨어요?
아니요, 전혀요! 회사에서는 정신없이 바쁘게 일하다가
식물 수업을 가거나 명상 수업에 가면 그제서야 시간이 천
천히 가는 걸 느끼게 되는 것 같아요. 그때가 한숨을 돌릴
수 있는 유일한 시간이에요.

그동안 저랑 굉장히 많은 식물을 공부하고 싶어 가셨
잖아요. 지금 집에서 키우고 있는 식물에 대해 소개해주세요.
뉴 리프 팝업에서 구입했던 식물을 첫 시작으로 지금은 저

희 집에 총 16개의 식물이 있습니다. 전부 오이타 식물이라 저희 집을 오이타 식물원이라고 부르죠(웃음). 그렇게 많은데도 아까워서 아무도 주지 못하고 있어요. 키우다 보니 정이 들더라고요. 식물이라는 게.

식물 전용 인스타그램 계정도 있으시죠? 아이디가 '호호호'라고 되어 있던데요. 어떤 의미인가요?
별건 아닌데요. 처음에는 식물 1호, 2호, 3호가 자라는 모습을 기록하고 싶어서 '호호호'라는 계정을 만들게 되었어요. 그런데 수업을 듣다 보니 어느새 16호까지 생겼네요! 처음에는 식물을 하나씩 업로드 하다가 이제는 너무 많아져서 모아 찍고 있어요(웃음).

저마다 다 애정으로 가꾸시겠지만, 그중에서도 가장 애착이 가는 식물이 있다면요.
제가 처음 팝업에서 구입했던 오이타의 보리수나무에요. 그때 입구에 들어서자마자 양팔을 뻗은 것처럼 하늘하늘한 식물의 자태를 보고 반했거든요. 지금도 서툴긴 하지만 가장 서툴던 시절의 저와 처음부터 함께한 식물이라 그런지 더 애착이 가는 것 같아요. 그때의 하늘하늘한 수형은 지금도 변함이 없어 매일매일 바라보는 기쁨이 있어요.

식물을 키우고 나서 달라진 점은요?
이제는 어디 여행을 가도 식물을 먼저 눈여겨보게 돼요. 멋진 풍경을 보면 경치를 담는 분경을 만들어 보고 싶다는 생각을 하게 되고요. 이래서 사람들이 식물, 식물 하는구나, 알 수 있게 됐어요.

디자이너가 바라보는 식물은 어떤가요.

수업을 듣기 전에는 식물과 화분만 보였어요. 그런데 수업을 들으면서 다양한 재료를 써보니 생각이 달라졌어요. 화분 위에 올릴 수 있는 소재는 끝이 없더라고요. 돌만 해도 무수히 많고 마감재 색깔도 정말 다양했어요. 어떤 돌을 쓰는지, 어떤 색깔의 마감재를 쓰는지에 따라 달라지는 느낌이 정말 재미있었어요.

제가 디자인을 할 때 가장 중요하게 생각하는 부분이 디테일인데요. 어떻게 디테일을 살리느냐에 따라 전혀 다른 분위기의 디자인이 될 수 있는 점이 식물을 심는 것과 마찬가지 같아요. 화분 안에서도 디자인을 할 수 있고, 또 키우면서 가지를 자르거나 철사를 걸어서 계속해서 디자인을 해나갈 수 있는 점이 제게 매력적으로 다가왔습니다.

희영 님에게 식물과 함께하는 삶은 어떤 건가요?

아침에 일어났을 때 가장 먼저 하는 일은 식물 1호부터 16호까지 둘러보는 일입니다. 사람들이 왜 반려식물이라고 하는지 그 이유를 알 것 같아요. 간밤에 별일은 없었는지, 어디 아프진 않은지 식물의 상태를 확인하는 거예요. 또 어떤 날에는 가만히 바라보고 있으면 얘네가 제 마음을 달래주기도 하는 것 같아요. 그런 면에서 제가 오히려 식물에게 치유를 받기도 해요. 우리 집 16호 식물들과 건강하게 오래도록 함께하는 삶을 살고 싶습니다.

"어떤 식물을 들일 것인가 고려할 때에는, 어떤 환경에서 키우게 될지 생각하는 일뿐 아니라 내 마음을 곰곰이 들여다보는 일도 중요해요. 내 심리 상태가 어떤지 나에 대해 물어보는 시간을 충분히 갖고 식물을 들이는 거예요. '나는 너무 지쳤어. 물 흐르는 대로 천천히 흘러 편안하기를 바라.' 이렇게 호흡이 느린 삶을 원하는 상태라면 식물의 줄기 또는 가지가 옆으로 뻗는 흐름을 선택하는 거죠.

'흐름'이라 표현하는 것처럼 옆으로 뻗은 식물의 가지에서도 길은 존재하거든요. 점차 위로 올라가거나 아래로 내려오거나, 아래로 내려오다가 위로 올라가거나 하는 듯한 모습으로요. 옆으로 흐른다고 멈추어 있는 게 아니잖아요. 거기에는 분명 변화가 있어요. 작은 잎눈이 생기고, 잎눈은 곧 잎이 돼요. 잎은 시간이 흘러 가지가 되고, 가지는 시간이 더 흘러 줄기가 됩니다. 작은 변화가 모여 길이 보이고, 흐름이라고 부르게 돼요. '나도 이 식물처럼 자라고 있구나. 길을 걷고 있구나.' 생각하는 거죠.

10년 후에는 수평을 그리던 흐름이 어디를 바라보고 있을지 아무도 예측할 수 없어요. 그저 옆으로 계속해서 자라는 것뿐이에요. 잘못 난 것도 아니고, 방향이 맞지 않아 힘겨워하는 것도 아니에요. 여전히 본인의 자리에서 열심히 살고 있는 거예요. 지금 내 상황에 빗대어 식물을 들이면 내가 나를 볼 때 잘 읽히지 않는 삶의 중요한 부분을 식물로부터 발견할 수 있어요. 만약 위로 키가 크지 않고 자꾸만 옆으로 뻗는 식물이 스스로는 왜 위로 자라지 못할까 자책하고 있다면, 저는 '네가 위로만 뻗지 않기 때문에 너를 좋아하는 거야. 옆으로 뻗는 네 모습이 정말 매력적이란다. 너는 옆으로 뻗고 있지만 변화하고 있어. 나는 네가 결코 옆으로만 자라나지 않을 것을 알아. 걱정하지 마.' 라고 이야기를 해주고 싶어요.

내 삶도 마찬가지예요. 성장하지 않는 듯 보여도, 분명 자라고 있거든요. 어디론가 흐르고 있는 거예요. 오르막 내리막이 있는 삶 속에서 흐름이 있는 식물을 들이는 것은 이렇게 변화하는 삶의 의미를 담는 것 같아요. 무언가에 열중해 박차를 가하는 삶의 단계에서는 위로 곧게 솟는 흐름의 식물을 들이면 좋겠어요. 괜스레 식물을 보고 더 느껴보는 거예요. 성장하는 삶을. 때때로 쉼이 필요한 삶의 단계에서는 자유로운 흐름을 지닌 식물을 들여서 유연함을 받아들여요.

나도, 너도 노력하고 있구나. 내 삶에만 굴곡이 있지 않음에 위로도 받고요. 흐름을 읽는 연습, 흐름을 보는 재미를 느껴보시면 좋겠어요. 지금 이 순간에도 식물은 자라고 있어요. 나도, 우리도 여전히 변화하고 있고요."

식물하는
삶

제 2 장

사유하는
식물

Plant

"아이처럼 키워라." 선생님은 늘 말씀하셨다. "자식도, 식물도 50년 이상을 키워보니 잘 키우는 방법은 똑같더구나." 늘 풍족하게 사랑을 줘서 키운 아이보다 다소 부족한 듯 키운 아이는 세상의 어려움을 극복해낼 수 있는 마음속 근육이 보다 단단하다는 의미였다.

순하고 말 잘 듣던 오빠 뒤에서 걸핏하면 사고를 쳐 꾸지람 듣기 일쑤였던 나는 학창 시절 선생님께 혼이 나건, 직장 선배에게 쓴소리를 듣건 큰 흔들림이 없었다. 자식을 키워본 적은 없지만 나의 어린 시절에 빗대어 생각해보면 정말 선생님의 말씀에 무릎을 친다.

늘 충분하게 물을 주고 키운 식물은 부득이하게 오랜 시간 자리를 비울 경우 회생 불가하게 말라버릴 수 있다. 하지만 다소 부족하게 키운 식물이라면 어떻게든 버텨내고 있을 것이다. 식물도 적응시키기 마련이다.

물을 자주 주면 뿌리가 과습에 걸려 썩어버릴 수도 있고 늘 축축한 흙 때문에 새로운 공기가 원활히 유입되지 않아 뿌리가 점차 약해질 수 있다. 그렇다고 물 주는 횟수를 한껏 늘려버린다면 또 뿌리가 말라 고사할 수도 있다. 가장 이상적인 건 넘치지도, 모자라지도 않은 적당함을 찾는 것이나, 지금 이 글을 읽는 마음처럼 알쏭달쏭하다면 차라리 부족하게 주는 연습을 하며 정성을 다해 관찰해보자.

꾸지람을 듣고도 내 마음이 삐뚤어지지 않을 수 있었던 이유는 꾸지람 후 충분한 보상이 있었기 때문이다. 엄마에게는 스스로 정한 교육 철칙이 있었다. 혼낸 후에는 반드시 안아줄 것, 용돈은 남들보다 적게 주지만 칭찬받을 일을 하면 보너스를 줄 것. 이러한 방식이 무조건 옳다는 것은 아니지만 무서운 꾸지람의 시간 후엔 반드시 따스히 안아주실 거라는 믿음이 있었기에 나도 고집스레 버티지 않았고, 보너스 용돈을 받기 위해 칭찬받을 일을 열심히 해내는 마음은 신이 나고 즐거웠다. 나의 지난날들을 생각해보면 적절한 보상은 식물을 잘 키워내기 위한 방법으로도 충분히 적용해볼 만하다는 생각이다.

그렇다면 식물에게 주는 보상이란 뭘까? 우선 잎에 많이 분무해줄 것. 잎이 흡수하는 수분을 통해 뿌리가 다소 말라도 식물이 버틸 수 있는 힘을 준다. 그리고 봄, 가을 식물의 생장기에 비료 주기로 충분한 양분을 공급해줄 것.

어쩌면 늘 충분한 사랑, 충분한 물 주기를 하는 것보다 사랑을 아끼고 적절히 보상을 주는 일이 더 어려운 일인지도 모른다. 어린 시절, '너희를 바른길로 인도하는 일이 참 힘들구나.' 고백하셨던 부모님의 푸념도 같은 마음이셨겠지.
하지만 우리는 어느덧 성인이 되고, 나무는 성목이 되면 여리고 무르던 시절에 받던 보살핌 없이도 충분히 살아갈 힘을 가지게 된다. 사람이든 식물이든 누군가의 지속적인 사랑이 있어야 훗날 스스로 살아낼 힘을 내면에 단단히 쌓아나갈 수 있다. 그렇기에 진정한 사랑과 보살핌의 의미를 신중하게 살펴봐야 하는 것이다.

* 자주 물을 주면서도 식물의 뿌리가 건강하도록 만들기 위해서는 굵은 입자 용토를 단독으로 쓰거나 혼합해서 화분의 물 빠짐이 좋게 만드는 방법이 있다. 배수가 잘되면 물을 자주 주어도 과습에 걸릴 확률이 적고 또 새로운 공기를 자주 공급하기에 뿌리의 호흡이 활발해져 잔뿌리가 많이 발달하게 된다. 뿌리가 건강해지는 것이다.

분주와
분가

어른 나무 곁에서 작게 뿌리를 내리고 성장한 작은 식물을 독립시키는 과정을 '분주'라고 한다. '포기 나누기'라고도 부르는 영양 번식의 한 방법.
처음부터 독립된 개체로 크는 유성 번식, 즉 씨앗으로부터 키워내는 실생 식물과는 달리 분주를 통해 자라나는 식물은 건강한 엄마 모주가 있어야 그로부터 영양을 받아 뿌리가 자라고, 성공적으로 분주가 이루어진다.

오랜 시간 부모님의 그늘 아래서 편히 쉬던 내가 분주와도 같은 분가를 한 지도 어느덧 두 달째다. 어느 날 문득 찾아온 외로움에 전화를 걸었더니 엄마가 이런 말씀을 해주셨다. "네가 잘사는 게 나를 위한 길이고, 내가 잘사는 게 너를 위한 길이야. 서로 걱정하지 않게 밥 잘 챙겨 먹고 건강해야 해." 왠지 기대했던 포근한 말이 아니어서인지 서운한 감정이 들었는데, 곰곰이 다시 생각해보고 들여다보니 틀린 말이 하나도 없다. 건강히 바로 서기, 내가 분주를 시킨 이 작은 실남천과 나의 처지가 비슷하다.

분주로 독립시킨 실남천

본래 살던 안정된 큰 화분에서 작은 화분으로 옮겨진 식물은 얼마간의 적응 기간이 필요하다. 새로운 환경에 적응하는 시간을 준다는 의미에서 분주 후에는 식물을 바로 강한 햇볕에 노출시키지 않고 그늘에서 서서히 빛이 있는 곳으로 자리를 바꿔준다.

분주한 식물은 뿌리가 몸살을 앓기도 하지만 대개는 적응 기간이 지나면 뿌리도 안정을 찾고 제 공간에 알맞은 크기로, 모양으로 건강한 새순을 낸다. 이 식물이 새로운 화분 안에서 안정된 삶을 살 수 있도록 묵묵히 그늘을 만들어내는 모주의 마음으로 보살펴야겠다, 생각한다. 함께하는 삶에서 비로소 각자의 삶으로 독립의 과정은 이렇게 같구나.

균형

시련의 아픔을 겪는 친구에게 "시간이 해결해줄 거야. 딱 눈 감고 일주일만 참아봐."라고 이야기해준 적이 있다. 안 좋은 상황을 이겨내려고 할 때 자연의 회복력을 떠올리면 꽤 든든하다.

하지만 때로는 이런 자연의 회복력이 야속하게 느껴질 때가 있다. 깊이 끈끈했던 연인과의 관계나, 무언가에 열정을 다하던 마음이 점차 사그라들 때다. 그때마다 변하는 감정을 노력으로 조절하지 못하는 것이 많이 속상했지만 또 시간이 지나면 그 감정도 언제 그랬냐는 듯이 자연스럽게 다스려졌다. 모든 것이 다 한때였다. 좋은 것도 나쁜 것도 영원하지 않기에 '지금을 즐겨라. 현재를 살아라.'라고 말하는 모양이다.

다만 지금은 열정이 깃든 마음에도 균형을 찾는 일이 중요하다는 것을 알아챈 어른이 되었다. 그렇지 않으면 언젠가 풀썩 주저앉게 되는 순간이 있다는 걸 알기 때문일 테다.
식물을 키우면서 살아 있는 모든 것은 형체도, 마음도, 생명도 영원하지 않다는 것을 더욱 실감하게 된다. 하지만 결코 속상한 이야기는 아니다. 그렇게 점차 자연을 이해하게 되는 것 같다.

'적뢰(摘蕾)', '적화(摘花)', '적과(摘果)'는 나무에 핀 꽃봉오리를(적뢰), 꽃을(적화), 열매를(적과) 따내는 일을 의미한다. 우리의 마음을 다스리는 것과 마찬가지로 나무가 새 생명에 너무 많은 힘을 쓰다 지쳐버리지 않도록 다스려주는 것이다. 작은 화분 속 식물은 모든 요소가 한정적이기 때문에 풍족한 환경의 노지 식물보다 더욱 세심한 관리가 필요하다.

어느 날 꽃 분재가 꽃을 풍성하게 피웠다면, 그만큼 많은 힘을 쓰고 있다는 뜻이다. 만약 세력이 약한 나무의 경우라면 꽃을 많이 피웠던 가지가 점차 말라버릴 수도 있다. 나무가 꽃을 피우고 열매를 맺는 일은 우리가 무언가에 마음을 쓰는 일처럼 생각하면 좋다. 나무가 지치지 않는 마음을 가질 수 있도록, 너무 애쓰지 않도록 꽃과 열매를 적절히 따주는 것은 나무의 균형 있는 삶을 위해 우리가 할 중요한 일 중 하나다.

언젠가 속상한 날에 나무가 피운 꽃은 나를 위해 애써주는 마음 같아 위로를 받기도 한다. '나는 이만큼만 받을게. 나머지는 네가 써.' 하는 마음으로 일부를 감상하고 적화를 해준다. 그러면 나무는 그 힘을, 그 마음을 저장해두었다가 내년 이맘때 다시 내게 더 큰마음을 내보인다.

경치를 화분에 담는다

　종종 떠올리는 자연 속의 기억. 가족들과 등산을 갔던 날, 큰 바위 정상에 올라 내려다본 탁 트인 전경. 부모님은 배낭에서 얼려온 생수를 꺼내 내게 먼저 쥐어주셨다. 이어서 오빠가 한 모금, 엄마가 한 모금, 마지막으로 아빠가 남은 한 모금을 마시던 시원하고 상쾌한 기억. 큰 둥구나무 아래의 우리 할머니. 마치 나무가 할머니를 팔로 크게 둘러 안아 보호하고 있다는 느낌을 받았던 날. 친구들과 떠난 시골 여행에서 본 질서정연한 논밭 길. 자연 속에서 행복했던 기억을 차근히 떠올려본다.

　생각하면 미소가 지어지고 마음에 평온이 찾아오는 내가 본 자연의 모습을 화분 속에 담는다. '분경(盆景)' 이란 경치를 화분에 담는다는 의미로 미완의 묘목이나, 돌, 이끼, 모래 등으로 풍경을 표현하는 것이다. 완벽하지 않아도 된다. 완벽한 자연도 없고 완벽한 기억도 없고 완벽한 나도 없다.

할머니를 감싸 안아주는 듯했던 큰 나무를 작은 묘목으로 표현하고 마을에서 큰 나무로 이어지는 좁은 골목길을 모래알로 잇는다. 골목길 옆에 이끼를 얹으니 마을 사람들이 가꾸던 작은 논밭이 연상된다. 작은 묘목, 모래알 그리고 이끼만으로 구성된 경치를 바라보니 할머니 댁에 갈 때마다 느꼈던 푸근한 감정이 떠오른다. 나무 그늘 아래 허리를 구부리고 앉아 있는 할머니의 둥근 모습, 그런 할머니를 바라보며 사랑이 샘솟던 내 마음이 떠올라 추억에 젖어 들고 이내 행복해진다.

자주 바라보고 떠올리고 싶은 마음을 담아 분경을 만든다. 그저 식물을 가꾸고 기르는 일에서 더 나아가 이 작은 경치에 자연을 그리는 나의 마음이 담겨 있기에, 마치 과거의 내가 성숙의 결실로 이어지는 과정이라 생각하여 진심 어린 정성으로 가꾸게 되는 것이다.

운두와
분재

표준국어대사전에서 '접시'의 뜻을 찾아보면 '운두가 낮고 납작한 그릇'이라는 설명이 써 있다. 원예에서 '운두'는 화분의 높낮이를 칭하는 말로 쓰인다. 화분에 심는 식물은 운두의 높낮이에 따라 크게 세 가지로 나눌 수 있는데 운두가 가장 높은 것을 '분식(盆植)'이라 하고, 운두가 낮은 것은 '분재(盆栽)', 운두가 가장 낮은 것은 '분경(盆景)'이라고 한다.

분식은 보통 화분 위쪽의 지상부를 크고 이국적으로 키우는 데 의미를 두는 관엽 식물 등을 말한다. 분식은 화분의 운두가 높기 때문에 식물의 뿌리가 뻗어 나갈 공간이 충분히 마련된다. 뿌리가 건강히 뻗어 자란 만큼 우리 눈에 보이는 지상부도 그에 비례해 시원하게 자란다. 그래서 분식물은 시간이 흐르면서 얼만큼 자랐는지, 그 키를 보고 연륜을 가늠할 수 있다.

분재나 분경은 운두가 낮으므로 뿌리를 많이 자라게 하는 것, 즉 지상부를 크게 키우는 것에 큰 의미를 두지 않는다. 이 두 가지 식물은 작은 공간 속에서 뿌리가 편안하게 호흡할 수 있도록 뿌리를 다듬어 식재하고, 수분과 영양분의 흡수 능력이 떨어질 것을 예상하여 지상부의 가지를 전정해준다.

어느 농원에 갔을 때 자그마한 소나무 분재를 보고 나는 귀여운 아이를 대하듯 "어떻게 이리 사랑스러울까요." 하고 감상을 전했다. 그러자 주인아저씨는 귀엽다는 말이 어울리지 않는다는 듯이 "이 소나무가 손님보다 더 오래 살았을 거요. 이 그루터기를 좀 보세요. 여기에 세월이 담겨 있습니다." 하고 말씀하셨다.

그 말을 듣고 다시 찬찬히 살펴보니, 소나무 분재는 키는 작았지만 목대가 굵직한 데다 울긋불긋 일어난 거친 표면이 마치 오랜 세월을 감히 살아냈다는 듯 강인한 인상을 풍기고 있었다. 나는 그 나무가 대단하게 자신을 드러내지 않아서 더욱 우아하다고 생각했다. 그래서인지 분재를 보고 시(詩)와 같다고 이야기하는 분들이 많다. 드러내지 않는 그 절제와 함축의 가치를 아는 사람들은, 분재에 빠져들지 않을 수 없는 것이다.

식물의 옷

작업 공간에서 나는 흙먼지가 묻어도 슬프지 않을 편안한 몇 벌의 옷만 정해두고 교체해 입는 단벌 신사이다. 그러는 내가 원피스라도 입고 출근하는 날이면 주변 사람들은 "옷이 날개네."라는 말을 한다. "평소에도 좀 꾸며." 하는 애정 어린 핀잔을 주지만 나는 일하는 나의 꾸밈없는 차림이 싫지 않다.

때론 분위기에 맞추어 점잖은 옷을 입을 때도, 때로는 편안한 작업자의 복장을 할 때도 있다. 그렇게 저마다의 분위기가 나를 이렇게도, 저렇게도 표현해준다. 내게 날개를 달아주는 옷처럼 식물의 모습에서 화분은 빠질 수 없는 요소다. 어떤 화분에 심느냐에 따라 식물의 분위기가 달라지는 것은 물론이고 형태나 연식을 더 돋보이게 하는 최고의 날개가 되기도 한다.

그래서 한때는 '가드닝'을 하면서 가장 집중했던 부분이 다름 아닌 화분이었다. 다소 투박해 보이는 식물은 반짝반짝 윤이 나는 화분에 식재해 금세 세련된 분위기로 보이도록 했고, 키가 작은 식물은 높은 화분에 식재하여 위풍당당한 어른처럼 만들어주었다. 그 당시에 나는 가드닝을 하지만, 식물보다 화분이 더 중요한 사람이었다.

그러던 어느 날 오래된 단골손님이 집 인테리어를 바꾸어 새로운 식물을 사러 오신다고 했다. 전에 키우던 식물은 새로운 인테리어와 어울리지 않아 친구에게 주었다는 머쓱한 대답을 듣고 나는 정신이 번쩍 들었다. 당시의 내 태도처럼 손님은 식물을 딱 그 정도로만 보시는 듯했다. 이런, 그때의 내 마음이 고스란히 전해진다. 뭔가 잘못됐다.

내가 어떤 마음으로 식물을 대하는지에 따라 그 식물을 만나는 손님의 마음, 그리고 동시에 손님과 함께할 식물의 삶도 달라진다는 것을 깨닫게 되었다. 이제부터는 어떤 마음으로 화분을 고를 것인가. 세월이 흘러도 누군가에게 참 잘 어울리는 옷처럼 식물의 날개가 될 수도 있고, 화려하지만 유행이 지나 이제는 입지 않는 옷처럼 결국 버려지고 마는 화분이 될 수도 있을 것이다. 이제부터는 화분을 위한 식물이 아닌, 식물을 위한 화분을 찾자.

기형의 잎

　　기형: 1. 사물의 구조, 생김새 따위가 정상과는 다
른 모양. 2. 동식물에서, 정상의 형태와는 다른 것. 유전자
의 이상이나 발생 과정 및 발육의 이상에서 생긴 결과로,
손가락이 여섯 개인 것, 머리가 둘이 있는 것, 입술이 갈라
져 있는 것 따위가 있다. (표준국어대사전에서 발췌)

　　'기형의 잎'이라는 뜻으로 잎 엽(葉) 한자를 써서
기엽(畸葉)이라 부른다.

기엽의 무늬를 가진 풍년화

소리 교감

자연 속에서 우리는 바람에 흔들리는 나뭇잎 소리, 지저귀는 새들의 소리, 바위를 넘어 흐르는 물의 소리로 자연과 교감을 하고 몸과 마음의 안정을 찾곤 한다. 하지만 실내에서는 그저 식물을 바라보는 일 외에 자연의 소리를 듣기란 쉽지 않은 일이다.

인적이 드문 조용한 휴일 오전, 작업실에 나가 크고 작은 식물들에게 쉴 새 없이 물을 주고 비로소 의자에 앉았다. 그런데 얼마 지나지 않아 잔잔한 파도가 모래사장을 쓸고 지나가듯 모래알 알알이 내는 듯한 섬세한 소리가 작업실을 가득 채우는 것이다. 작업실 밖에 잡다한 소음이 없으니 그 소리는 더욱 진하게 울려 퍼졌다. 일어나 소리의 근원을 찾아보니 바로 화분이었다. 식물이 물을 먹는 소리였다.

운두가 낮은 분재 식물들은 작은 공간 속에서 뿌리가 공기와 만나 잘 호흡할 수 있도록, 가루 흙을 쓰지 않고 굵은 입자로 된 용토를 쓴다. 입자 용토는 배수와 통기가 탁월해 물을 오래 머금지 않고 쏘옥 쏘옥 흘려보내는데 그 과정에서 섬세한 소리가 난다. 그리고 이 소리는 꼭 물이 있는 자연의 경치를 연상하게 한다. 이를테면 개울가의 자갈 위로 시냇물이 흐르는 소리라든가, 모래사장의 파도 소리라든가.

그 후로는 분재 화분에 물을 주고 나서 이따금 귀를 기울여 본다. 사악- 사악- 소리를 내며 물을 먹는 식물에게 '너 목 말랐구나, 많이 먹으렴.' 하는 말을 건네기도 하고, 마치 식물에게 '고맙다.'는 칭찬을 들은 것처럼 뿌듯함을 느끼기도 한다. 화분 속 소리에 가만히 귀를 기울여 보면 그때마다 다른 다양한 감정을 마주하게 되고, 그 감정은 결국 다시 나를 통해 식물에게 돌아가는 것 같다.

계절에 맞는 화분

지난날 함께 작업했던 어느 잡지사 에디터님께서 화기를 소개하는 칼럼에 코멘트를 해달라는 요청을 하셨다. 그 중 '여름 실내에 둘 화기를 고를 때 팁이 있다면?' 이라는 질문을 받고는 여러 가지 생각이 머릿속에 얽혀 쉽게 답변을 쓸 수 없었다.
식물에게 좋은 화기로는 배수와 통기성이 좋은, 토분이나 유약 처리가 되지 않은 도자기 화분 등을 꼽을 수 있겠지만 계절에 맞는 화기를 추천하는 것은 퍽 곤란했다.

사실 그동안에도 비슷한 질문을 많이 받아왔다. "화분을 고를 때 어떤 것을 중점적으로 보고 고르세요?" 나는 그때마다 "정해두는 것 없이, 마음 가는 화분을 고릅니다."라고 말씀을 드린다. 화분을 보는 시선은 기분에 따라, 혹은 그날의 날씨에 따라 조금씩 다르다. 특정 식물에 맞는 화분을 골라야 하는 특별한 상황을 제외하고는 화분은 화분대로, 식물은 식물대로 단순히 내 눈에 예쁘고 건강한 아이로 데려오는 것이다. 나에게는 이와 같이 단순한 방식으로 수집해온 화분과 식물이 많기 때문에 선택지가 다양해 연출의 폭이 보다 넓어지는 것뿐, 누구나 상황과 여건이 주어지면 멋진 가드닝을 할 수 있다고 생각한다.

혹여 지금 고른 화분이 식물에게 썩 좋은 화분이 아닐지라도, 애정을 가지고 가꾸는 앞날을 상상하며 우선 골라 오는 것이다. 그 이유는 어떤 화분이든 화분의 부족한 부분은 사람이 보충해줄 수 있기 때문이다. 만약 통기성이 떨어지는 화분이라면 입자가 굵어 배수가 잘되는 마사와 같은 토양을 많이 섞어 제조하면 되고, 통기성이 너무나 좋아 습기가 빨리 마르는 화분일 경우에는 보수력이 좋은 배양토나 적옥토 같은 흙을 더 많이 섞어 습기를 좀 더 머금을 수 있도록 제조해 식재하면 된다. 식물 각 종류마다 고향을 알고 특성을 파악할 수 있다면 더욱 좋다. 건조한 환경에서 잘 자라는 식물은 통기성이 좋은 화분에, 이와 반대되는 식물은 통기가 다소 떨어지는 화분에 식재해도 좋을 것이다.

하지만 그 식물의 생육 환경에 가장 좋은 화분을 골라 심었다고 해도, 이따금 도리어 무관심해지는 경우가 있다. 안심하는 마음 때문이라고 해야 할까. 반대로 화분이 식물의 특성에 잘 맞지 않다고 해도 부단히 주의를 기울여 섬세하게 관리하다 보면 늘 싱그러운 상태를 유지하기도 한다. 내게는 좋은 화분의 기준보다는 화분에 식물을 심는 과정 속에 담는 마음이 식물의 건강에 더 큰 영향을 끼치는 것 같았다. 마음에 쏙 드는 특정 화분을 고르는 기준 대신 부족한 부분은 내가 최선을 다해 보충해준다는 생각이 토대가 되면, '좋은 화분'이라는 제한적인 틀에 구애 받지 않고 더 자유로운 가드닝을 할 수 있지 않을까?

그래서 한 줄이어도 괜찮다는 에디터님의 추신에도 불구하고 구구절절한 부연 설명을 더해서 결국, "마음에 드는 화분을 선택하세요. 그리고 최선을 다해 보충해주세요." 하는 답변을 남겼다.

생명을 불어넣는 작업

보통 분재 식물은 나무의 윗가지와 아랫가지의 세력을 균등히 맞추어 주기 위해서 나무 고유의 흐름을 거스르며 성장하는 교차된 가지를 전정해준다. 이때 나는 자른 가지를 길던 짧던, 크던 작던 모두 보관해두는 편이다.

보관해둔 가지 중 아무런 운치가 느껴지지 않는 듯 흐름이 없는 가지는 식물을 식재할 때 지지대의 역할로 쓴다. 지상부가 무거워 바르게 균형을 잡지 못할 경우, 식물을 지탱해주는 자연의 지지대로서 활용하는 것이다. 가지마다 제각각 색과 결이 달라서 많은 가지를 보관해둘수록 식재하는 식물의 줄기와 가장 비슷한 느낌으로 연출할 수 있다. 그러면 철사 지지대를 쓰는 것보다 자연스러운 정취가 묻어나 식물의 분위기도 훨씬 편안해진다.

그중에서도 바람의 방향을 따라 흐르는 듯한 곡이 있는 가지는 귀하다. 식물의 수형이 왜소할 경우, 고이 보관해둔 곡이 있는 가지를 마치 이 식물의 일부인 것처럼 그루터기 근처에 꽂아 연출한다. 그러면 왜소한 수형을 가지가 자연스레 채워주면서, 보는 이로 하여금 가지의 흐름을 따라 느린 호흡으로 식물을 감상할 수 있도록 도와주는 역할을 한다.

이러한 작업은 비록 죽은 가지이지만 버리지 않고 활용함으로써 다른 의미의 생명을 불어넣어 주는 것 같아 나에게 더욱 의미 있게 느껴진다. 전정한 가지를 활용하는 것처럼 생명을 다한 자연의 재료를 고이 모아 두면 적재적소에서 새로운 생명을 불어넣을 수 있고, 보는 이에게 색다른 즐거움을 더해줄 수도 있다.

땅의 기운 2

앞부분(32쪽)에서 언급한 땅의 기운과는 다른 의미이지만 식물을 가꾸면서도 땅의 기운, 지기(地氣)에 대해 이따금 생각한다. 몸살을 앓는 식물이 잎을 모두 떨구고 회복할 기미를 보이지 않을 때 나는 숨겨둔 마지막 카드를 꺼낸다. 바로 고향 집을 찾는 마음으로 농장에 데려가 땅 기운을 빌리는 것이다. 화분에 심은 식물을 그저 땅에 내려놓는다. 그뿐이다. 땅의 기운을 느끼게 해주는 것만으로 식물은 기운을 회복하고 충만한 힘을 얻는다. 그래서 언제든 찾을 수 있는 고향이 있다는 것은 내게 큰 안도감을 준다.

얼마 후 하우스에 찾아가 땅에 맡겨둔 식물을 바라보니 앙상했던 가지에서 새순이 움텄다. 역시! 내려놓은 화분을 들어 올리려는 순간 땅이 화분을 쥐고 놓아주지 않는 듯한 느낌이 들었다. 그 짧은 기간 동안 뿌리가 좁은 화분 구멍 사이로 빠져나와 흙 속으로 뿌리를 내린 것이다. 서로가 단단한 결속을 이루고 있었다.

땅의 기운을 느끼는 식물, 나고 자란 곳에 뿌리를 뻗어 내는 식물의 본성을 확인하고 나니 내가 하는 일이 땅과 식물, 서로 원하는 이 둘을 갈라놓는 어설픈 방해 공작같이 느껴져 속상한 생각이 들었다. 한계가 있는 일은 아닐까… 하지만 자연이 할 수 없는 일을 내가 도울 수 있고, 내가 돕지 못하는 일은 자연에게 맡기자. 그렇게 생각하기로 했다. 각자의 역할이 있다.

"일주일에 한 번씩 물 주라고 하셔서 달력에 동그라미를 쳐놨어요. 동그라미 날짜가 다가오면 꼬박꼬박 물을 줬는데도 식물이 점차 시들어가는 것 같아요. 뭐가 잘못된 걸까요?"

몇 해 전까지만 해도 일반적으로 통용되는 물주기 방법에 따라 이렇게 키우세요, 하는 종합 설명서 키트를 드렸지만, 이렇게 안타까운 답변을 몇 차례 받고 나서는 구구절절 편지를 써서 보내기 시작했다.
편지를 읽어보고 '뭐가 이렇게 어렵담!' 상심하여 식물과의 마음의 거리가 오히려 멀어질 분들이 생길 수 있다는 우려도 되었지만, '잘 키워보겠다.' 준비된 마음으로 찾아주시는 분들이라면 분명 반갑게 읽어주시리라는 믿음으로, 나는 유동적인 물 주기에 대한 긴 편지를 보내기로 했다.

"식물은 살아 있는 것이므로 어디에서 사느냐, 어떤 옷을 입었느냐에 따라 다른 성격을 띠게 됩니다. 늦게 시작하는 우리의 주말에는 점심이 되어도 쉽사리 배가 고프지 않아요. 운동량이 적기 때문입니다. 반대로 이른 아침부터 일어나 밀린 집안일을 하는 주말에는 허기가 빨리 찾아와 밥을 제시간에 챙겨 먹을뿐더러 군것질도 하게 되죠. 식물도 마찬가지예요.

바람이 잘 통하고, 빛이 충분히 내려오는 곳에서 키우는 식물은 뿌리가 활발히 호흡하며 화분 속 수분이 빠르게 증발하여 금세 물을 찾습니다. 이러한 식물은 알려드린 물 주기보다 더 빠르게 물을 주셔야 해요.
반면에 빛이 잘 안 들고 통풍이 좋지 않은 곳에서 키우는 식물은 화분 속 수분이 더디게 건조되어 알려드린 물 주기보다 물을 느리게 필요로 할 거예요. 계절별로 물 주기가 다른 것도 앞서 말씀드린 내용과 같은 이야기입니다.

우선 식물이 놓인 환경이 어떤지 생각해보세요. '이쯤이면 물을 줄 때가 됐는데…' 하는 생각이 들 때엔 겉흙이 말랐는지 먼저 확인해보세요. 겉흙이 말랐다면, 그다음엔 식물의 잎을 관찰해보세요. 가장 위의 새순이 힘없이 처졌다면 물을 줄 때. 아직 힘 있게 솟아 있다면 물을 주지 않아도 될 때입니다. 식물의 고향과 특성에 따라 겉흙이 마르면 바로 물을 줘야 하는 식물이 있고, 그렇지 않은 식물이 있어요. '유동적인 물 주기'를 꼭 기억해주세요.

참, 물은 주실 때 드립 커피 내리듯 화분 안으로 원을 빙빙 둘러가며 주세요. 뿌리는 화분 속 흙이 있는 공간 어디로든 자유롭게 뻗을 수 있어요. 그런 뿌리가 수분을 고루 흡수해야 화분 위 식물이 균형 있는 모습으로 자랄 거예요.
또, 한 번 물을 줄 때에는 배수 구멍으로 물이 충분히 빠질 만큼 주세요. 사람이 호흡하듯 뿌리도 호흡합니다. 뿌리가 호흡하며 뿜어내는 가스와 쌓인 염을 바깥으로 빼주는 역할을 물이 하기 때문이에요.

단순히 물을 공급한다는 생각보다 식물이 물을 왜 필요로 하는지, 언제 필요로 하는지 세심히 관찰하는 유동적인 물 주기를 해주신다면 어느새 눈빛만 봐도 통하는 오랜 친구처럼 식물의 안위를 챙길 수 있어요. 그럼 차근차근 연습해보세요. 신기하게도 식물을 위한 마음은 전해지더라고요. 오래도록 함께하시기를 바라겠습니다. 곁에 두고 더욱 건강하세요."

예쁜 식물, 못난 식물이 따로 있을까? 몸에 좋은 음식, 안 좋은 음식을 나눌 수는 있지만 좋은 식물, 안 좋은 식물, 예쁜 식물, 못난 식물은 따로 없다. 내가 어떤 가치를 부여하느냐에 따라 그 가치도 달라지지 않을까?

밀림 같은 농장 한편, 우거진 식물들 사이에 엎어져 있는 무언가를 발견했다. 누워 있는 길다란 줄기 주변으로 푸른 이끼가 소복소복 피어오르고 있었기에 한참을 이 상태로 방치되어 자랐음을 예상할 수 있었다.

들어 올리는 순간 웃음이 픽 새어 나왔다. 소나무였다. 길쭉하게 뻗은 줄기 위로 삐죽삐죽 푸른 잎이 자라나고 있었다. 꼭 까까머리를 한 어린아이를 보는 듯했다. 성숙미는 없지만 건강했고 신선했다.

분재로서의 가치는? 물론 뛰어나지 않다. 알려진 이론상으로 뛰어난 가치를 가진 분재는 우선 그루터기가 굵은 것이다. 굵다는 것은 즉, 줄기에 세월을 차곡차곡 축적했다는 연륜을 의미한다. 줄기에 세월을 축적시키기 위해서는 시기에 맞추어 전정(가지치기)을 해 양분을 계속 위로만 보내지 않도록 하는 관리가 필요한 것이다. 이 소나무는 누군가 지속적으로 관리해서 키운 식물과는 다르게 줄기에서 어떤 함축된 연륜을 느낄 수도, 잔가지의 섬세한 미를 느낄 수도 없었다.

그렇다면 가치 없는 식물인 걸까? 뛰어난 가치를 가진 분재로 볼 수는 없지만 보는 사람으로 하여금 즐거움을 느끼게 한다는 면에서는 여러 가지 가치 중에서 조금 다른 모양의 가치가 있는 분재라고 하고 싶다.

꼭 가슴 설레는 감정만이 사랑이라고 할 수 없다. 설렘은 없지만 편안함이 가득한 사람에게도 사랑을 느낄 수 있고, 내가 모르는 무언가에 대해 잘 아는 사람에게나, 그에게 느껴지는 연민의 감정까지도 사랑이라 부를 수 있다. 사랑은 이렇게 다양한 모습으로 존재한다는 글을 어디선가 본 적이 있다. 식물에 가치를 부여하는 일도 이렇게 폭넓은 사고로 바라본다면 세상의 모든 식물은 저마다의 가치가 분명히 있지 않을까.

식물을 들어 올려 보고 너무도 즐거워하는 내게 사장님은 "이게 정말 좋아?" 재차 물으시더니, 들어 올린 소나무를 선물로 주셨다. 오이타 작업실에는 뛰어나게 멋진 식물이 많지는 않지만, 이렇게 어딘가 부족해 보여도 매력적인 분위기를 띠는 식물이 많다. 그런 식물들을 내가 애정 어린 마음으로 바라봐주고 있다.

여태 많은 분들이 신선함으로, 즐거움으로 이 식물을 귀여워해주셨다. 이 식물의 이름은 사랑스러운 구석이 있는 '못난이 소나무'이다.

북촌 한옥 디근집에 전시된 못난이 소나무

나무의 시간

충남 천안의 광덕산 등산에서.

"나무줄기의 중심부는 죽어 있는데, 그 죽은 뼈대로 나무를 버티어주고 나이테의 바깥층에서 새로운 생명이 돋아난다. 그래서 나무는 젊어지는 동시에 늙어지고 죽는 동시에 살아난다. 나무의 삶과 나무의 죽음은 구분되지 않는다. 나무의 시간은 인간의 시간과 다르다. 내용이 다르고 진행 방향이 다르다."

김훈, 『내 젊은 날의 숲』 중에서

남천

내가 남천이라는 나무를 특별히 좋아하게 된 데는 아버지의 영향이 크다. 지난날 식물 가꾸기를 좋아하셨던 아버지에 대한 기억을 간직하고자 오이타라는 이름을 만든 것과 같은 마음으로, 어릴 때부터 베란다에서 늘 접할 수 있었던 식물이 바로 남천이었기 때문이다.

남천은 수피에 특유의 고태미가 흐른다. 가만히 보고 있자면 나무껍질의 결 사이사이에 사연이 가득히 담겨 있는 것 같아 멍하니 막연한 생각에 잠길 때도 있다. 그런 줄기의 여린 흐름과 줄기로부터 뻗은 잎 사이의 빈 공간은 많은 여백을 만들어 동양의 미를 뽐낸다. 게다가 가을의 붉은 단풍이 아주 아름답고, 겨우내 잎을 떨구지 않아 사계절 풍요롭게 감상하는 기쁨이 있는 식물이다.

뿐만 아니라 남천은 환경에 대한 적응력이 뛰어나서 관리도 수월하며, 새순이 무던히 돋아 관리하고 바라보는 성취감 또한 크다. 달리 마음 쓰지 않아도 무던히 자라주고, 또 노력에 충실히 보답하는 이 식물을 어떻게 좋아하지 않을 수 있을까? (칭찬 일색이지만 남천을 키우는 환경이 열악하거나, 관리에 지나치게 소홀했을 경우 물론 결과는 좋지 않을 수 있다.)

(왼쪽부터) 직희남천 2가지. 무늬풍년화

실남천

처음에는 어디에서나 쉽게 볼 수 없는 특별한 식물을 좋아하고 추종했지만, 시간이 지날수록 애타게 마음 쓰지 않아도 무던하게 자라주는 식물이 더욱 좋아진다. 아빠를 쏙 빼닮았다고 하는 내가 남천에게 자꾸만 마음이 가는 이유를 돌이켜 생각해보면 지난날 아빠의 마음을 어쩐지 조금 알 것도 같다. 어쩌면 아빠는 남천을 가꾸면서 우리가 이 나무처럼 무던하고 편안하게 자라기를 바라지 않았을까.

남천의 종류는 다양하다. 종류에 따라 잎의 모양이 재미있게 달라서 이들을 한데에 모아두고 가을 단풍을 즐기는 것은 큰 기쁨이다. 노란 꽃이 피는 동남천, 잎이 실처럼 가느다란 실남천과 직희남천, 잎에 뾰족한 뿔이 돋아 있는 듯한 모양의 뿔남천 등 모두 잎뿐만 아니라 줄기, 그리고 동양적인 분위기를 즐기는 맛이 있어 추천하는 식물이다.

뿔남천

철사 걸이

"이거 정말 잔인하네요. 나무를 못살게 구는 것 아닌가요?" 어느 날 어떤 손님이 철사 걸이를 한 식물을 보고 너무도 안타까운 듯 안쓰러운 표정으로 물으셨다. 어린 시절의 나도 같은 마음이었다. 왠지 줄기를 감싸고 있는 굵은 철사 때문에 나무가 아파할 것 같았고, 움직이지 못하게 묶어놓은 것 같아 무척 답답해 보였다. 철사 걸이, 꼭 필요한 걸까? 누구를 위한 것일까?

식물에게 가장 중요한 요소는, 빛과 바람 그리고 물이다. 지상부의 풍성한 나뭇잎에 가려져 충분한 빛을 받지 못하고, 공기가 순환되지 않는 소외된 가지는 우리가 밥을 먹지 못해 노쇠해지는 것처럼 시들기 마련이다. 그렇게 연약해질 가능성이 있는 가지가 빛과 바람을 잘 받을 수 있도록 도와 나무의 생리를 건강하게 만들어주는 것, 이것이 철사 걸이의 본질적 의미다.

분재는 자연의 풍경을 묘사하는 여러 종류의 수형으로 나뉘어진다. 안정되고 평안한 환경에서 자란 나무를 묘사한 직간 분재(直幹盆栽), 고산지대나 절벽에서 자라 강한 생명력이 느껴지는 반간 분재(蟠幹盆栽), 낭떠러지에 뿌리를 내리고 자라 줄기가 뿌리보다 낮게 처지는 현애 분재(懸崖盆栽) 등 어떤 환경에서 자랐는지에 따라 환경에 맞는 다양한 모습으로 형태를 변화하며 적응해 자라기 마련이다.

이렇게 다양한 수형을 공부하는 이유는 결핍된 외부 환경에 의해서 어딘가 부족하게 자란 식물을 매력적으로 개작해주기 위함이다. 수형을 알지 못하면 식물이 가지고 있는 숨겨진 매력을 찾아낼 수 없을뿐더러 그 부족함이 교정을 통해 빛을 낼 기회조차 주지 못하고 잘라 버려질 수 있다.

내가 가지지 못한 것을 인정하고, 가진 것에 집중해 더욱 잘할 수 있는 부분을 드러내면 오히려 많은 것을 가지고 있는 사람보다 더 특별하고 가치 있는 나로 인정받을 수 있다. 책상에 앉아서 하는 공부에 취약했던 나는 몸으로 직접 체험하고 받아들이는 능력을 키우는 데 집중했다. 부족한 부분을 인정하기까지 오랜 시간이 걸렸지만, 그 시간에 비례해 채워진 다른 능력이 어느 순간 자연스레 나와 타인이 인정할 힘을, 드러내고 전해주었다.

어쩌면 살아 있는 내내 누구에게도 관심을 받지 못했을 식물이 철사 걸이를 통한 교정으로 고유한 가치를 드러낼 수 있도록 도와주는 일. 바로 우리가 성장하기 위해 하는 노력과도 같다. 이제는 철사 걸이가 마냥 사람이 좋은 대로 식물의 수형을 만들기 위해 나무를 못살게 구는 것이라는 생각에서 조금 더 자유로워졌을까?

이야기가 쌓이는
분갈이

　화분 속에서 오랜 시간 키워낸 식물의 분갈이는 배양 중인 포트 식물의 분갈이와는 다르게 남다른 여운을 남긴다. 세월이 느껴지는 화분 속에 덥수룩해진 뿌리를 힘겹게 뽑아내는 과정부터 쉽지 않지만, 눈에 보이지 않던 성장을 드디어 마주하는 일은 큰 기쁨으로 다가온다. 그 사이 건강히, 그리고 풍성히 뻗은 뿌리를 보면 마치 그동안 식물을 위해 해왔던 나의 노력에 애쓰느라 수고했다고 누군가 박수라도 쳐주는 듯한 느낌이다. 그렇게 키우던 식물의 분갈이는 다시금 식물에게 전진할 수 있는 신선한 의지를 심어준다.

　산성화되어 딱딱해진 토양을 부수어내고 뿌리를 다듬는다. 그리고 다시 부드러운 용토를 채워 신선한 물을 내리면 드디어 숨통이 트인 것만 같은 상쾌한 기분이다. 마지막으로 그간 도장하거나 고사한 가지를 자르고, 교체한 화분에 균형 있게 어우러지도록 매무새를 다듬고 나면, 마치 미용실에 가서 머리를 만진 날은 종일 어른이 된 느낌으로 하루를 보내게 되는 그런 마음처럼 식물도 한 단계 성숙의 길로 들어선 것 같다.

　그렇게 분갈이를 할 때마다 식물은 조금씩 변화하는 것이고 그 변화하는 과정을 지켜봄으로써 나와 식물 사이에 차곡차곡 이야기가 쌓인다. 새로워서 반짝이고 흥미로운 것보다도 지금 내가 키우는 식물, 또 곁에 있는 친구들에게 정성을 들여 이야기를 쌓는 일에 특별히 마음을 쏟아야겠다고 생각한다. 먼 훗날 이야기가 쌓인 식물을 바라보는 기쁨은 무엇과도 견줄 수 없을 것이다.

127

착생란

대개 식물의 꽃이라 하면 따뜻한 봄날이나 여름날의 꽃을 연상하기 쉽지만 난은 봄, 여름뿐만 아니라 추운 겨울에도 꽃을 감상할 수 있는, 사계절 아름다운 식물이기에 더욱 특별하게 느껴진다(봄, 여름뿐 아니라 가을과 겨울에도 꽃이 피는 난의 종류가 있다는 뜻으로, 꽃이 사계절 내내 피어 있는 것은 아니다). 난에는 강인한 생명력, 화사한 꽃의 색채와 달큰한 향기를 즐기는 즐거움이 있다. 이 외에도 내가 난을 좋아하는 이유중 하나는 재배 시 쾌적한 재료를 사용해 나의 수고로움을 덜어주기 때문이다.

실내 원예에서 다루는 난은 대부분 착생 식물이다. 착생 식물은 흙에 뿌리를 내리지 않고 돌이나 나무껍질에 뿌리를 내리고 수분을 취하는 식물을 말한다. 그렇기에 나무껍질을 파쇄해 삶아 만든 바크나 난이 수분을 취할 수 있게 도와주는 바다이끼(수태)를 주재료로 사용한다. 바크와 수태는 무게가 가볍고 쾌적하다. 그래서 보다 손쉽게 화분에 식물을 심고 감상할 수 있다. 흙에서 자라는 식물을 다룰 때는 무거운 돌 자루, 흙 자루를 날라 먼지를 마시며 식재하는 과정이 말할 수 없이 힘들 때가 있다. 하지만 가볍고 쾌적한 재료를 사용해 식재하는 착생란의 경우에는 재료를 나르는데 땀을 빼지 않아도 되고, 귀가 후 코에 거뭇한 흙먼지를 묻힌 자신을 볼 일도 없다.

내가 착생란에 더욱이 애정을 싣게 된 특별한 계기가 하나 있다. 내자동 작업실에 있을 때의 일이다. 돌이나 나뭇가지 등 멋진 오브제를 전시해두던 작업실 선반에 자그마한 착생란이 하나 올려져 있었다. 그런데 공간이 협소하다 보니 큼직하고 무거운 식물들을 점차 선반 앞 바닥에 늘어놓게 되었고, 그 가짓수가 많아지다 보니 자연스럽게 선반 위 물건들과 작은 착생란에는 점차 무관심해지고 말았다. 그렇게 수개월이 지난 어느 날 문득 선반을 올려다보니 자그마한 착생란에 귀여운 꽃이 폈다! 그동안 시원하게 물을 주지도, 크게 신경을 써주지도 못했는데 바닥에 놓인 식물들에게 주던 물과 습기로 기특하게 살아낸 것이다. 게다가 건강하게 말이다.

이러한 이유로 착생란은 그저 떠올리거나 바라보기만 해도 내게 편안함을 내어주고, 산뜻하고 맑은 감정을 선물해준다. 나는 거센 파도의 시원함보다 호숫가의 잔잔한 물결에 더 감동하는 사람인 것 같다. 그래서 언제나 내게 편안함을 내어주는 착생란이 좋다.

풀 분재에는 소박한 풍요가 있다. 비록 가지의 흐름과 그림자의 운치를 담지 못하는 것은 아쉽지만 시간이 흐를수록 풍성하게 새 촉을 내며 몸집을 불려 나가는 석창포를 볼 때면 엄마의 미소를 짓게 된다. 때맞춰 전정을 하거나 꽃을 따주고, 떨어진 낙엽을 쓰는 일에 지쳐 마음의 환기가 필요하다면 이러한 풀 분재에 시선을 돌려도 좋다.

특정한 식물에 마음이 가는 이유에는 여러 가지가 있다. 멋진 외형에 끌리기도 하고, 식물 고유의 향에 취하기도 한다. 또는 관리가 수월해서라든지 혹은 예민하기에 특별하게 느껴져 더 심혈을 기울여 관리하며 식물과 정을 쌓기도 한다. 그러고는 식물을 들인 계기에 의미를 담기도 하면서 서서히 내게 끌림이 있는 식물을 알아가게 된다.

내가 특별하게 애정을 쏟는 석창포나 맥문동 같은 풀 분재는 작아서 소박한 정취를 풍기며 봄, 여름, 가을, 겨울 할 것 없이 한결같이 푸르다. 그렇기에 키가 크고 멋진 식물들이 잠시 쉬어가는 겨울이 되어서야 그 매력을 깊이 실감할 수 있다. 그동안 대단히 관심을 주지 못했는데도 여전히 푸른 모습으로 자리를 지키고 있다는 고마운 생각에 시간이 흐를수록 풀 분재의 묵묵한 매력에 빠지는 것이다. 또 한 가지 매력은 머리를 쓰다듬는 듯한 감촉이다. 석창포의 잎을 쓸어내릴 때면 여리고 부들부들한 감촉에 귀여운 조카 머리를 헝클어주는 것 같아 내 마음을 한번 더 다정하게 흔든다.

풀과 나무는 나이테의 유무로 구분할 수 있다. 나무는 단단한 목대 안에 나이테를 켜켜이 쌓으며 세월을 알리므로 역사와 기록이 깃든 진귀한 생물이라는 생각을 한다. 하지만 내가 가꾸고 있는 이 나무의 세월을 언제나 건강하게 쌓아내야 한다는 책임감이 큰 부담으로 느껴질 때가 있다. 그럴 때면 연륜을 기록하지 않고 그저 부들부들 귀여운 잎을 풍성하게 채워가는 풀 분재의 소박한 모습에 배려를 느낀다. 풍성해진 풀 분재는 때때로 분주를 시켜 가짓수를 늘려가는 즐거움을 느낄 수도 있으니 말이다.

풀 분재에는 소박한 풍요가 있다.

이끼 채취

산에서 들에서, 자연에서 느끼던 정취를 화분 속
에 담고자 비 온 뒤 포슬포슬해진 이끼를 채취하러 가회
동 언덕길로 올랐다. 가을이 왔다고는 하지만 아직 변덕
스러운 날씨다. 오늘은 햇볕이 쨍쨍하고 여름처럼 더워서
땀이 삐질삐질 났지만 수강생에게 재밌는 추억을 선물하
는 것 같아 더위쯤이야, 내심 뿌듯한 마음이었다. 훗날 오
이타에서의 수업을 추억할 때 이끼를 채취하러 나와 걷던
북촌의 골목골목을 떠올리시겠지? 이런 생각을 하면 수업
으로 만나는 동안 수강생을 더 즐겁게 괴롭히고 싶은 욕구
가 일렁인다.

돌담길 앞에 서서 이끼를 관찰하는 우리 둘을 보
고, 길을 지나던 분들은 서슴지 않고 다가와 일행이 된다.
그동안 무심히 지나쳤던 이끼를 자세히 들여다보기도 하
고 어떤 분은 집에 있는 이끼가 자꾸만 말라간다며 이끼가
잘 사는 방법을 묻기도 했다.

채취한 이끼는 고이 모셔와 식재를 마친 식물 아래에 얹어 자연의 시간을 담는다. 이끼가 더해지니 화분에 생생함이 느껴진다. 이끼는 화분 안팎으로 공기의 순환을 떨어트려 식재 시 크게 선호되지 않지만 화분 전체를 덮지 않고 충분한 여백을 확보하며 연출하면 통풍에도 안심이고 모래로만 연출하는 마감과는 다른 자연미를 자아낼 수 있다.

숲의 오래된 나무를 보면 이끼가 나무의 그루터기를 타고 올라가는 모습을 종종 발견할 수 있다. 이끼는 실제 뿌리가 없으므로 적당량의 햇빛과 습도가 유지된다면 그 푸르름을 오래도록 감상할 수 있고, 위로 또는 옆으로 퍼져가는 번식으로 세월을 느낄 수 있다. 식재 시 그루터기 근처에 싱그러움과 고태미를 더해주는 이끼를 더하면 마치 오래 자란 노목의 연륜을 느낄 수 있어, 이로 하여금 나무의 격을 세우는 것이다.

새순이 돋을 때, 돌돌 말려 있던 잎이 스르륵 펼쳐질 때, 밤사이 활짝 핀 꽃을 발견할 때, 화분에서 예상치 못한 귀여운 잡초가 돋을 때, 이 모든 때를 나는 좋은 징조라 말한다.

친구에게 위로를 전하고자 할 때는 꽃봉오리가 많이 맺혀 있는 식물을 전해서 꽃이 피면 좋은 일이 생길 거라는 소박한 염원을 전한다. 꽃이 필 때마다 가볍게 미소라도 지을 수 있다면 그걸로 충분한 것이 아닐지. 임신한 지인에게 축하를 전할 때는 가장 매끈하고 단정한 돌을 골라 화분 위에 크기가 다른 세 개의 돌을 올린다. 하나하나에 감정을 담아도 돌은 변함이 없는 것이기에 부담없이 세 식구를 생각하며 심어 보낸다는 귀여운 재치를 발휘할 수도 있다.

식물은 계속해서 변화하는 생물이기 때문에 어쩌면 누군가에게는 그런 과정을 지켜보는 게 노심초사 두렵게 느껴질 수 있다. 하지만 형태가 변하지 않는 무언가에 의미를 담으면 어느새 마음 한편이 든든해지고 언젠가 그로부터 마음을 다잡게 되는 계기가 되기도 한다.

모든 요소에 길상적 의미를 담아본다. 식물 잎의 모양, 꽃의 향기, 가지의 흐름, 화분 위 돌의 개수, 위치, 이끼를 심는 모양 등 모든 요소에 길상적 의미를 담아 식재하면 어느새 식물마다 각기 다른 디자인이 탄생한다.

종종 수업에서 식재 디자인을 배우고 싶다는 분들을 만날 때가 있다. 나는 디자인이라는 것에 대단한 조예가 없어 이렇다 설명할 수 있는 이론과 방식은 많지 않지만, 돌이켜 생각해보면 식물의 디자인은 대체로 길상적 의미를 담기 위해 재료를 세심히 살펴보는 일부터 시작되었던 것 같다.

돌에 마음을 담아

돌에 마음을 담아 바라보세요.

변화하는 식물은 시시때때로 기쁨을 전하고,
돌은 묵묵히 처음을 간직합니다.
처음 식물을 들일 때의 마음을 돌에 담아주세요.
기분 좋은 생각을 담아 어지러울 때 꺼내 보세요.
변하지 않는 것과 변화하는 식물에게
마음을 균형 있게 써보세요.

제 3 장

오이타의
일

Job

이름 짓기

　수년 전에 '이름 짓기' 수업에 참가한 적이 있다. 새 식구인 귀여운 강아지의 이름부터 나의 이름을 걸고 운영할 수 있는 사업체의 이름까지, 다양한 쓰임으로 불릴 이름들을 어떻게 지을 것인지 그 방법에 대해 나누는 수업이었다.

　당시 나는 한 가드닝 매장에 소속되어 일을 하고 있었지만 언젠가 나만의 식물 숍을 차리고 싶다는 꿈을 키워가고 있었다. 남몰래 간직한 비밀의 꿈은 나를 인내하게 하고, 지속하게 하고, 발전하게 했다. 빠르지는 않지만 앞으로 점차 나아가게 만드는 이 꿈의 이름을 지어놓고 오래 품으면서 살찌울 요량이었다.

　갓 지은 따끈따끈한 밥이라든가 방금 조리된 음식은 신선하고 먹음직스럽다. 거기에 발효시킨 숙성 음식까지 곁들이면 다채롭고도 속이 편안한 밥상이 된다. 시간이 흘러 그 이름을 현실로 꺼내었을 때 감칠맛이 감도는 이름이 되기를 바라는 마음인 것이다. 바로 훗날을 위해 묵혀두는 이름.

이름 짓기 수업의 정신 선생님은 모 기업의 카피라이터 출신으로 다양한 분야에서 감칠맛 나는 문장을 쓰고 뇌리에 콕 박히는 이름을 짓기로 유명한 분이었다. 일상 속 영수증을 통해 엿보는 사적인 삶을 기록한 책, 『정신과 영수증』을 읽고는 멀찍이서 응원하는 팬이 되었다. 선생님은 수업 당일에 부득이한 이유로 조금 늦으셨는데, 참여한 모든 분들께 사죄의 의미로 고민이 있을 때 그곳이 어디든 부르면 달려가겠다는 1회 쿠폰을 선물하셨다. 상상했던 모습보다 더 유쾌하고 긍정의 기운이 가득 찬 분이셨다.

나는 그날 받았던 만남권 쿠폰을 메모장에 적어두고 몇 년을 숙성했다가, 수업 때 배운 이름 짓기 요령이 잘 녹아 있는 '오이타'라는 이름으로 선생님께 만남을 요청했다. 선생님은 오래전 기억을 들춘 나를 보시고 흠칫 놀라신 듯했지만, 금세 숙성된 우리의 시간을 소중히 여겨주셨다. 그 덕분에 나는 동료들(뉴 리프)과 함께 선생님이 운영 중인 스튜디오(홈튜디오)에서 갓 지은 따끈따끈한 밥처럼 재미있는 일을 새로이 기획할 수 있었다. 마치 따끈한 밥과 발효 음식의 궁합이 근사하게 이루어진 것 같았다.

시간은 그저 내버려 두면 허무하게 흐르기에, 이름을 붙이고 의미를 담아 흐르는 시간을 숙성의 시간으로 간직하는 건 어떨까. 소중히 숙성시킨 무언가에는 빠르게 흉내 낼 수 없는 깊고 그윽한 맛이 있다. 나와 식물을 둘러싼 삶의 시간들을 잘 숙성시켜 누군가에게 깊은 맛을 전하는 사람이고 싶다.

홈튜디오(home.tudio)에서 진행한 뉴 리프(New Leaf) 팝업

첫 손님

승진 화분, 개업 화분, 집들이 화분이라는 용어가 생겼을 만큼 식물을 다루는 매장에서도 판매가 잘되는 식물의 종류는 제한적이다. 때문에 늘 비슷한 식재를 하며 생긴 새로운 작업에 대한 마음의 갈증이 나의 오이타에서의 시작을 더욱 새롭게 만들어주었다.

작업실에 놓을 식물을 찾기 위해 크고 작은 농원을 돌아다니던 내 마음을 사로잡은 것은 바로 철화와 군생이다. 이 두 식물은 용어부터 생소하다. 옆 동네 친구 이름 같기도 한 '철화'는 농약제로부터 손상을 입거나, 돌연변이의 출현으로 인해 생장점이 구불구불 띠를 이루어 자라는 변이 식물을 일컫는다. '군생'은 뿌리가 하나인데 얼굴이 여러 개인 형태로, 한 뿌리에서 집단을 이루어 자라는 식물이다. 언젠가 어떤 손님은 군생을 보고 꼭 곰팡이 같다는 표현을 하기도 했다.

그런 이유로 철화와 군생은 첫눈에 예쁘지는 않지만 보면 볼수록 괴기한 모습이 매력적으로 느껴지는 특별한 식물이다. 나에게는 이러한 모습이 일반 식물보다 더 가치 있게 여겨진다.

그날 농원에서 시선을 사로잡은 식물은 바로 용신목 철화. 투명한 바닷속을 들여다보는 것 같은 에메랄드빛 색감에 구불구불 특이한 모습으로 자라는 철화이기까지 하니, 고민할 것이 없었다. 가만히 보고 있으면 에메랄드빛 바다가 파도를 치는 듯했다.

잔설봉 철화

용신목 철화는 오이타를 오픈하고 처음으로 받은 주문이었다. 인스타그램 팔로워가 채 몇십 명도 되지 않았을 때, '#용신목철화'라는 태그로 사진을 올린 지 10분도 안 되어 "제가 철화를 좋아합니다."라는 메시지를 받았다. 가격을 묻지도 따지지도 않고 구입 의사를 밝히고 주문한 첫 손님 덕분에 내가 좋아하는 식물을 누군가가 좋아해 주는 기쁨을 알게 되었다. 판매에 있어서 개인적인 취향을 드러내는 일에 용기를 얻은 중요한 계기가 되었다.

그래, 내 취향에 더 귀 기울여보자.

백성 군생

살아 있다는 것

안녕하세요.

한 번도 얼굴을 뵌 적은 없지만

솔직하게 말씀드립니다.

저는 우울증을 앓고 있습니다.

매일매일 어려운 시간을 보내고 있는데,

종종 올리시는 식물의 사진을 보며

힐링되는 느낌을 받습니다.

식물을 가꾸며 마음을 치료하고 싶어

수강을 문의드립니다.

답변 기다리겠습니다.

어느 날, 이런 메일을 받았다. 예상치 못한 고백
이 담긴 글을 읽고, 이렇게 메일을 보내기까지 쉽지 않았
을 그분의 마음을 헤아리며 나도 조심스레 답장을 보냈다.
몇 차례 오고 가던 메일 후에 한참 동안 연락이 닿지 않다
가, 다시 도착한 메일.

선생님 안녕하세요.

답이 늦어 죄송합니다.

그간 마음이 더 어려워져서

살아 있는 것을 보살피고 책임지는 것이

힘들 것 같다는 생각이 들었어요.

식물을 키우기 전에

제 마음을 회복시키는 것이

식물을 위한 일 같습니다.

건강해진 후에 수업을 듣고 싶습니다.

연락 드릴게요. 죄송합니다. 감사합니다.

살아 있는 식물을 위한 보살핌, 책임감. 작고 살아 있는 것들을 자신만큼 귀하게 여기는 이분의 사려 깊은 마음에 나는 감동하고 말았다.

내가 만약 이분을 지체 없이 만났더라면 그와 같은 온도로 식물이 주는 힘을 전달할 수 있었을까? 너무도 당연한 사실을 잊고 지냈던 나의 지난날을 돌아본다. 그분의 소중한 마음이 부디 건강히 회복되어 살아 있는 식물을 만나고, 보다 생생한 삶을 살 수 있기를 바랐다.

이렇게 다양한 식물이! 인터넷 속에는 처음 보는 식물이 너무나도 많다. 게다가 계속해서 교배, 개발되는 다양한 품종으로 새로운 식물이 업데이트되기까지 한다. 어느 날 마음을 먹고 인터넷에 올라온 멋진 식물들의 출처를 찾아 한군데씩 주소를 적기 시작했다. 서울 근교의 농장에서 접하는 한정적인 식물에 대해 내내 갈증을 느끼던 터라 호기로운 마음이었다. 희귀하고 특정한 종만 모아 키우는 분부터 야생목 수형을 멋지게 잡아 특색 있게 작업하는 분들까지, 경기, 서산, 통영, 거제 등 다양한 농장이 전국 각 지역에 고루 분포되어 있었다. 나는 시간이 생길 때마다 메모장에 적어둔 주소를 하나씩 지워가며 새로운 식물을 찾아 나섰다.

그렇게 들르게 된 어느 곳. 마당에 크고 작은 식물이 빼곡히 놓여 개성을 뽐내고 있다. 이곳의 식물들은 여느 하우스와는 다르게 모두 금방 세수를 하고 나온 듯 말끔한 모습이다. 알고 싶지만 속 시원히 알 수 없었던 식물의 이야기를 이곳에서는 들을 수 있을까? 시간을 내어 찾아간 곳에서 이렇다 할 해답을 얻지 못하고 지쳐 돌아오기를 수 차례, 정말 식물 키우기에는 정답이 없는 걸까 막연한 고민을 안고 있던 중 방문한 이곳에서 멋스러운 은회색빛 단발머리의 할머니가 반갑게 맞아주셨다.

잘 손질된 식물들이 일정한 여백을 두고 질서 정연하게 놓여 있었다. 할머니는 이 많은 식물을 지난날 하나하나 직접 식재하셨고, 대부분이 수십 년을 함께하고 있는 식물들이라 소개하셨다. 모든 식물에 이야기가 담겨 있는 듯했다. 모두 세월의 힘이 느껴져 무엇 하나 멋지지 않은 것이 없었다.

할머니는 한 걸음 한 걸음 떼시며 눈에 지나치는 식물에 담긴 이야기보따리를 풀어내셨다. "이게 손톱만 했을 시절에 나는…" 10년 전, 20년 전 식물의 모습으로부터 당시의 본인을 추억하신다. 단순히 함께하는 식물을 넘어서, 오랜 세월을 함께 살아온 식물이라니. 소중한 인연이자 끈끈한 관계로 얽힌 식물과 살아가는 할머니는 매일매일이 즐겁다고 하셨다.

궁금한 게 많아 이것저것 묻는 내가 딱하기도, 기특하기도 하다며 좋은 선생님을 소개해주겠다고 하신다. 젊은 날 분재를 함께 배운 친구인데 지금껏 공부를 게을리하지 않는 멋진 사람이란다. 더 이상 힘에 부쳐 수업은 하지 않지만 궁금한 게 너무 많은 아가씨가 있으니 꼭 가르쳐주면 좋겠다. 부탁을 해두겠다며 성함과 연락처를 적은 종이를 건네주셨다.

할머니의 식물을 대하는 태도, 그런 식물과 살아온 삶의 모습으로부터 앞으로 나아갈 나와 식물의 삶을 깊이 있게 그려볼 수 있었다. 이야기가 있는 식물과의 앞날을 상상하니 10년, 20년, 30년이 지난 나의 모습이 하나도 두렵지 않았다. 식물과 나 사이에는 과연 어떤 이야기가 담기게 될까? 세월이 지나 궁금한 게 많아 찾아온 누군가에게 식물과 나의 지난 이야기를 전하는 멋진 상상을 해본다.

동료, 뉴 리프(New Leaf)

2019년 아직 추운 봄. 효자동 두오모의 붉은 벽돌 외관과 벽면을 채우고 있는 책들은 '긴장을 풀고 편안히 드세요.'라고 오는 이들을 따듯하게 맞이해주는 것만 같다. 그래서인지 이곳은 소중한 사람과 도란도란 이야기를 나누고 싶을 때 찾는 곳이다. 행복한 추억이 깃든 이곳에서 뉴 리프의 우리들은 처음 만났다. 중국 광저우에서부터 중국차와 다구를 다루어온 토오베(tove)의 세희 씨가 결이 비슷한 서로를 소개시켜주고 싶다는 취지에서 주최한 자리였다.

차와 다구를 소개하는 '토오베'의 세희, 세라믹 작가 '히어리'의 은지, 천연 염색 패브릭 브랜드 '티크'의 계영, 라이프스타일 숍 '그로브'의 슬기. 우리들의 분야는 자연으로부터 영감을 받아 작업하는 식물, 도자기, 차, 의복, 주거, 곧 의식주로 섬세히 연결되어 있었다.
세력이 강한 건강한 가지는 계속해서 곁가지를 만들며 성장하고 풍성해진다. 자연스러운 식물의 생장 현상처럼 이제 내 삶에도 곁가지를 내는 관계가 촘촘히 생겨나고 있는 것 같아 내심 벅차오르는 느낌이었다.

창 앞에 둘러앉은 우리는 햇살이 너무 뜨거워 블라인드를 칠지 말지에 대해 서로 어색한 의사를 물으며 인사를 나누었다. 어떤 목적을 가지고 만나는 미팅 업무와 달리 서로에게 원하는 바 없이 조금씩 알아가기 위한 순수한 만남이라는 취지부터 이들을 대하는 내 마음을 더 특별하게 했다.

멋진 브랜드를 꾸려가는 분들로 이미 알고 있던 터라 베일에 싸인 사람들처럼 왠지 보이지 않는 벽이 있을 것만 같았지만 이야기를 나누면 나눌수록 말 한 마디 한 마디에 사려 깊은 마음이 전해지는 맑고 따스한 사람들이었다. 우리는 모두 또래였고 혼자 일을 한다는 공통점이 있었다. 성향도, 생각도, 고민도, 바라보는 미래도 비슷해서 나눌 수 있는 이야기 소재도 끝이 없었다.

신기하게도 그날 점심의 만남만으로 그동안 혼자여서 먹먹하고 두려웠던 마음이 '혼자여도 괜찮아. 앞에서, 옆에서, 뒤에서 함께 걷고 있어.' 하고 자연스레 다독여지는 듯했다. 이런 뭉클한 감정은 처음에는 나만의 것이라 생각했지만 나중에 알고 보니 그날 모인 우리 모두에게 같은 마음을 안겨줬다고 한다. 그 뒤로 우리는 시간을 내어 자주 만났고, 서로에게 따로 또 같이 다독이고 채워주는 동료가 되어주기로 했다.

식물과 사물을 대하는 나의 좁은 시야를 보다 넓은 세계로 이끌어주고 창의적인 영감을 불어넣어 주는 이들은 싹트는 새순처럼 나에게 새로운 꿈을 꾸게 하는 원동력이 된다.
그렇게 어느 봄날, 반가운 새순처럼 간절히 원하던 동료가 생겼다. 나의 동료 뉴 리프에게 깊은 사랑을 담아!

뉴 리프 동료들과 강원도 고성의 여행에서
함께 금강산 화암사의 숲길을 거닐다.

수업

　　일하는 즐거움의 기본은 식물로부터 오지만 지속할 수 있는 힘은 사람에게서 오는 듯하다. 취미 혹은 창업반 수업으로 만나는 희망과 목적이 있는 사람들에게서 오히려 내가 값을 지불해야 할 정도로 매시간 깊은 배움을 얻는다.

　　두려움과 막막함을 자꾸만 밀쳐내며 미래를 향해 나아가는 일은 각자에게 얼마나 큰 용기이고 도전일까? 수업으로 시작되는 누군가의 첫걸음에 내가 앞장서서 함께한다고 생각하면 수업에 충실히 임하는 것뿐만 아니라, 앞으로 나아갈 나의 방향이 바른 길잡이가 되도록 스스로를 잘 다듬어야겠다고 마음을 단단히 잡게 된다.

　　보다 먼저 시작했을 뿐인데, 나를 믿고 동행해준 수강생분들이 오이타의 풍부한 경치를 감상하고 더 많은 꿈을 꿀 수 있도록 하는 것이 나의 큰 소망이다. 경치를 이루는 작은 요소 중 하나가 누군가의 마음에 닿기를 바라는 마음으로 식물을 주제로 다양한 활동을 해나가고 싶다.

우연한 만남으로부터
우연한 기회

     지난번 우연히 들른 곳에서 세월의 아우라를 품은 식물과 그런 식물을 가꾸고 계시는 선생님을 만난 일, 그리고 그분께 건네받은 번호가 적힌 메모 한 장은 내게 사막의 오아시스를 만난 것처럼 고여 있는 의지를 샘솟게 했다.

젊은 친구가 분재에 대한 열정이 있는 것이 귀하다고 하시며 오래전 함께 분재 공부를 하셨다는 친구분을 소개해주신 것이다. 그간 혼자서 공부하며 애썼던 날들을 인정받고 보상이 내려진 것 같아 감격스럽기도 했지만, 한편으로는 수련을 앞둔 긴장감에 마음이 쿵쿵 울려왔다.

     드디어 메모장 속 선생님을 뵈러 가는 길. 이 관문을 통과해야 다음 문이 열리는 영화 속 장면처럼 선생님께 좋은 모습으로 비춰져야 앞으로의 배움을 시작할 수 있으리라는 생각에 머리부터 발끝까지 매무새를 단정히 가다듬었다.

     그렇게 처음 뵌 선생님은 자연스럽게 식물과 함께한 긴 세월과 세련된 관록이 느껴지는 곧은 분이셨다. 긴장한 내게 선생님은 노련한 손짓으로 따뜻한 차를 내려 맞이해주셨다.

선생님은 20대에 분재와 원예 공부를 시작해서 꾸준히 제자를 양성하시고 신문, 방송사에 출강하시는 등 다양한 활동을 이어오셨다고 하는데, 내가 현재 하고 있거나 마음속에 그리고 있는 훗날의 모습을 선생님은 이미 수십 년 전에 행하셨다는 것이 놀랍고도 존경스러웠다. 선생님께서는 그 당시에는 시간이 더 흐르면 진정한 전성기가 찾아올 거라는 생각에 순간순간을 누리지 못하고 지나쳤는데, 돌이켜 보니 인생의 황금기는 '더 좋은 날이 오겠지.' 하고 생각했던 그 시절이었다고 말씀하신다. '현재를 살아라.'라는 의미 있는 조언을 경험에 빗대어 전해주신 것 같아 이날의 이야기는 오래도록 내 마음속에 남아 있다.

지금은 새로운 사람을 만나는 일보다는 기존의 회원분들과 지속적인 교류를 하며 식물을 가꾸는 일상을 보내고 계신 듯했다. 그런 선생님께 나의 등장은 스치고 지나가는 신선한 바람과도 같았겠지.
배움에 간절한 내 모습을 기특하다 칭찬해주시면서도 '시작할 때는 누구나 열정이 있지. 그 열정이 언제까지 갈지 지켜보겠다.' 하는 뉘앙스로 마지못해 가르쳐주겠노라 허락하셨다. 미심쩍은 듯 마음을 아껴서 내어주시는 선생님의 모습에 나는 오히려 더 강한 의지가 생겼다. 빠르지도 않고, 뛰어나지도 않지만 꾸준한 것만큼은 자신 있기 때문이다.

선생님은 종종 젊은 날의 배움에 대한 이야기를 해주신다. 지금보다 열악했던 50년 전에는 쉽사리 구할 수 있는 흙이 없어 산에 올라 낙엽이 퇴적된 까만 흙을 긁어 퍼오기도 하고, 철사 걸이를 연습할 재료를 구하기 위해 전깃줄을 자르고 곧게 펴서 철사를 만드는 등 생활 곳곳에서 재료를 만들어 사용하셨다는 것이다. 내가 지금 편리한 방식으로 경험과 지식을 얻을 수 있는 건 순전히 선생님의 그런 노력의 시간이 있었기 때문이다. 지금껏 식물에 열정을 쏟아 오신 선생님의 세월을 나는 감히 가늠해 볼 수 없다. 때때로 나는 선생님의 얼굴에서 세월이 담긴 나무의 경이로운 나이테를 본다.

선생님의 스승님과 동료분들은 병상에 계시기도 하고 이미 돌아가시기도 했기 때문에 이제는 궁금한 게 있어도 물어볼 사람이 없다고 하셨다. 시간은 쌓여 연륜이라는 말로 멋지게 꾸며지지만⋯ 그 끝은 조금 허망한 것 같다. 그렇지만 선생님께서 돌아가신 스승님의 말씀을 내게 전해주시는 것만으로 생전 그분의 식물에 대한 대단한 열정이 내게 새로운 형태로 남겨지는 듯하다. 결국은 살아 있는 사람들이 기록을 하고 다른 이에게 전하는 것으로 누군가의 생전의 삶을 가치 있게 기릴 수 있다.

선생님께서 전해주시는 이야기들이 내 안에 차곡차곡 쌓일수록 마음에 그만한 무게의 책임감이 비례하며 들어선다. 선생님의 이 꾸준했던 열정을, 무수한 이야기들을 내가 잘 흡수해서 훗날 원하는 누군가에게 그대로 전해야 할 것이다.

작은 것이 귀하더구나

　　식물에게 더 좋은 환경을 마련해 주기 위해 작업
실을 옮기기로 마음 먹은 지 수개월째. 북촌 골목 어귀에
아담한 한옥집을 발견했다. 다만 공간이 너무 협소해 고
민에 빠진 내게 선생님은 이렇게 말씀하셨다. "문정아, 좋
은 향수일수록 작은 병에 들어있단다. 네게 잘 어울리는
공간이야. 작아서 더 가치 있을 수 있어."

작업실의 필수 조건

　고민 끝에 한옥으로의 작업실 이사를 결심했다. 지난 2년간의 희로애락이 차곡차곡 쌓여, 나에게 더 크고 밝은 꿈을 안겨준 작고 소중한 작업실. 이곳을 이어서 잘 사용해주실 분을 찾기 위해 구구절절 애틋한 글을 적어 어느 카페에 올렸다.

　다음날 작업실을 보러 오신다는 분들이 조금 일찍 도착하거나 늦는 바람에 동시간 대에 인원이 몰려 몇몇 팀은 밖에서 대기를 하고 있을 정도로 많은 분들이 찾아오셨다. 그렇게 여러 사람들에게 열심히 공간을 소개하고 내가 머쓱한 웃음을 지을 수밖에 없었던 이유는 먹고 사는 일에 대해 너무나 열렬히 소개했기 때문이다. 하지만 다시 돌이켜봐도 내가 이 공간에 큰 애정을 갖게 된 이유는 무엇보다 맛있는 밥집과 카페가 가까이 있기 때문일 것이다.

　정해진 식사 시간이 없어 자칫하면 끼니를 거르기가 일쑤인 내게 일 층의 중국집은 든든한 존재였다. 언제든 내려가면 빠르게 배불리 먹을 수 있다는 생각이 심리적으로 얼마나 큰 안정감을 주는지 모른다. 게다가 모든 메뉴가 균형 있게 맛있는 식당이라니 더할 나위가 없었다. 특히 이곳의 짬뽕밥은 진한 국물 위에 보드랍게 풀어주는 계란이 일품인데…

그리고 밥을 먹고도 입이 심심할 때, 손님이 오셨을 때 모실 수 있는 카페가 코앞에 있어서 더욱 좋다고 나는 곁들여 설명했다. 카페 공간은 쾌적하고 넓어서 조용히 문서 작업을 하기에도 좋고, 도란도란 대화하기에도 좋다. 이 카페에는 다양한 메뉴가 있는데 그중에 수제 크림, 수제 시럽을 쓰는 달콤한 커피 종류가 많아서 "저는 하루에 두세 잔도 사 먹습니다." 하는 둥 필요 이상의 사적인 이야기도 신나게 늘어놓았다. 맛있는 것에 대해 열변을 토하는 나를 보고 공간을 보러 오신 분들은 어떤 생각을 하실까 내심 부끄럽기도 했지만 내가 생각하기에 이곳의 가장 큰 장점은 역시 변함 없으므로 이야기를 이어나 갔다.

그러고 보면 든든한 밥심으로, 달콤한 입가심으로 어떤 하루가 더 만족스러워지는 것이 아닐까. 먹는 즐거움이 큰 내게 맛있는 밥과 커피를 가까이에서 해결할 수 있다는 점이 이곳에서의 생활을 더 풍요롭게 만들어주었다.
첫날 방문하여 둘러보고는 바로 계약을 약속한 분께서 내가 카페에 올린 글을 보고 공간에 대한 애정이 느껴져 더 좋았다고 하셨다. 정성이 깃든 이 공간을 소중히 이어 쓰겠다고 말씀하시는 상냥함에 작업실을 보내는 마음이 한결 편해졌다. 이런 분이라면 아쉬움 없이 떠날 수 있겠지.

작고 소중한 이곳에서 든든한 밥심으로 건강하게 작업하시기를 바라는 마음으로, 계약을 마치고 나는 다시 한번 근처에 혼자 먹기 좋은 맛있는 밥집과 카페를 즐거운 마음으로 두루 소개해드렸다.

세월이 깃든 것

(1)　　한옥 공간에 어울릴 가구를 찾다가 왠지 새것을 상상해보니 이곳과 어울리지 않는 느낌이 들었다. 그러던 중 우연히 한 중고 거래 사이트에서 좌식 테이블 판매 글을 보게 되었는데, 판매자가 오래전 황학동 빈티지 마켓에서 운명처럼 만난 테이블로 동양적인 분위기에 반해 구입하게 되었다는 것이다. 그분이 테이블을 들이게 된 계기가 부쩍 마음에 와닿았다. 운명처럼 만났다니, 그간 얼마나 소중하게 여기며 사용하셨을까? 차근히 짐작해보다가 자연스레 내 것이라 여겨져 구입하게 되었다.

언제 누구에게 제작된 것인지는 알 수 없지만 세월이 깃들어 있는 테이블이 마치 원래 이곳에 있던 가구처럼 편안히 어우러지는 것 같다. 내게 건네며 아쉽다고 말씀하시는 판매자분께 소중하게 이어 쓰겠다고 말씀드리며 이 테이블을 대하는 마음이 한층 깊어졌다. 나는 아무래도 세월이 느껴지는 것, 이야기가 쌓인 물건에 더 애정을 쏟게 되는 것 같다.

(2)　　　작업실을 이사했다는 소식을 듣고 선생님이 멀리서 방문해 주셨다. 공간과 식물에 대해 고민을 토로하는 내게 특별한 조언을 해주지 못해 내내 마음이 쓰이셨다는 것이다. 수년 만에 북촌에 오셨다는 선생님을 어떤 곳으로 모실까 하다가 조용하고 정갈한 음식을 내어주는 한정식집으로 모셨다.

선생님은 무언가 생각이 많은 표정이셨다. 이전에는 내게 다양한 소비자를 만날 수 있도록 다채로운 종류의 식물을 구비해두기를 바라셨는데 직접 와서 보니 문 앞에 내놓은 어리고 싱그러운 떡갈나무부터 마당의 자그마한 식물에게 연륜이 느껴지지 않아 아쉽다는 의견을 어렵사리 전하신다. 나도 같은 마음이었다. 무엇보다 식물이라면 누구보다 오랜 세월을 겪어 오신 선생님의 의견을 들을 수 있다는 것이 감사했다. 선생님과 식물에 대해, 앞으로에 대해, 사는 일에 대해 담소를 나누며 맛있는 식사를 하고 돌아오는 길에 어린 시절 부모님과 함께했던 학교 봄 소풍날이 생각났다. 부모님과 내가 한 팀이 되어 으쌰 으쌰 줄다리기를 하던 때, 그때처럼 선생님과 내가 마치 한 팀이 되어 나아가고 있는 느낌이 들었다.

다시 선생님을 찾아뵌 날, 선생님께서는 세월이 가득 느껴지는 식물 하나를 건네셨다. 내게 다녀가신 후에 내내 고민하셨다는 것이다. 지금 문정이에게 가장 필요한 것, 문정이 힘으로 할 수 없는 것이 뭘까 생각해보니 바로 연륜이 있는 식물이더라, 말씀하셨다.

선생님께서 분재를 시작하셨을 무렵 바위에 뿌리 세 촉을 붙여 키워오셨다는 석창포는 어느덧 50년이라는 세월을 담고 바위를 빼곡히 뒤덮은 풍성한 모습이다. 꼭 산야의 푸르름을 그대로 옮겨놓은 것 같다. 이토록 긴 세월을 보내고 내게 전해진 이 식물을 소중히 이어받아 더 많은 이야기를 쌓아야지, 조용하게 다짐했다. 마당에서 힘든 작업을 하다가도 이 석창포를 바라보면 마음 한구석이 든든하게 차오른다.

협업

식물은 어디에서 누구와 함께하든 근사한 분위기를 만들어준다. 허전한 공간을 메워주는 역할, 못난 구석을 가려주는 역할, 공간에 활기를 띄우는 역할, 옆에 놓인 무언가를 더 돋보이게 하는 조연 역할까지 톡톡히 해낸다. 그렇기에 다양한 분야의 일을 하는 사람들에게서 협업 제안을 받고 이따금 행복한 고민에 젖어들 때가 있다.

리빙 편집숍 앙봉꼴렉터(Un Bon Collector)에서의 팝업 스토어를 시작으로 다양한 브랜드들과의 협업을 꾸준히 이어오고 있다. 식물 팝업 스토어는 누군가 제안한 공간에 오이타의 식물을 두고, 관리 및 판매 역할까지 잠시 위임한다고 생각하면 쉽다. 새로운 프로젝트를 앞두고 잘할 수 있을까 조바심이 드는 마음에 용기를 주기도 하고 나락으로 빠뜨리기도 하는 것은 다름 아닌 식물을 대하는 협업자의 태도이다.

낯선 공간에서 긴장하는 것은 나뿐만 아니라 식물에게도 해당되는 이야기이다. 세심히 관찰하고 관리해주지 않으면 환경이 급격히 바뀐 식물은 몸살을 앓기도 한다. 식물을 살아 있는 존재로 여기고 하루에도 몇 번씩 이 낯선 공간에 잘 적응하고 있는지 살피는 일은 협업 컨디션 그 전체를 아우르는 아주 중요한 부분이라고 생각한다. 처음으로 팝업을 진행했던 서촌의 앙봉꼴렉터 두 대표님은 평소 집에서도 식물 가꾸기를 좋아하고 즐겨하는 분들이라 그런지 대단히 주의를 기울인 마음으로 현장의 식물을 살펴주셨다. 그런 까닭에 오히려 내가 "이런 변화쯤은 괜찮아요. 이 정도는 정상입니다. 너무 걱정하지 마세요." 하고 도리어 그분들의 마음을 다독여준 때도 있었다.

이처럼 식물의 변화를 세심하게 살피는 협업자의 태도는 나로 하여금 더 소중하고 귀한 식물을 하나, 둘 꺼내어주게 한다. 설사 식물이 몸살을 앓다가 잎을 모두 떨구고 앙상한 나목이 되더라도 그들이라면 괜찮다, 하는 안심의 마음, 신뢰의 마음, 또 고마움의 마음이다.

반면에 어떤 협업은 팝업 또는 행사 진행이 시작되면 금세 더 중요하다고 생각되는 일에 식물 관리가 뒷전으로 밀려난다. 잎이 누렇게 변했는지, 언제 누가 물을 줬는지 등을 모른 채 지나가 급격히 식물의 상태가 나빠지는 일도 태반이다. 그러면 결국 외줄 타기를 하는 아슬아슬한 마음으로 기간 내내 '식물들아 조금만 버텨줘!' 간절히 빌며 매일같이 그곳으로 출근 도장을 찍는다. 그렇게 고군분투를 하다 보면 행사를 진행하기로 결정한 내 자신을 자책하면서 괴로움에 시달릴 때도 있다.

여러 차례 시행착오를 겪으면서 지금은 많은 일에 제법 능숙해져서 그때그때 필요한 대안이나 대책을 마련할 수 있게 되었지만, 언제나 식물이나 나에게 가장 즐겁고 소중한 기억을 전해줄 수 있는 가장 중요한 요인은 여전히 사람이다. 협업자와 좋은 관계를 맺은 일이 결국 좋은 결과로 이어지는 것도 분명하다.

특별히 행복한 기억으로 꼽을 수 있는 협업으로는 '앙봉꼴렉터 X 오이타', 그리고 사운즈 한남 스틸북스에서의 '식물이 주는 안온한 세계' 팝업이다. 두 협업 모두 식물을 대하는 관리자분들의 조심스러운 태도에서 적당히 무뎌진 내 마음을 다시금 바로잡게 되었고, 이들의 손길을 통해 오이타의 식물을 만나게 된 많은 분들이 분명 나처럼 좋은 기억을 가져가게 될 거라는 생각이 마음속에 자신 있게 채워졌다. 이 글을 빌어서 감사했던 그때의 마음을 다시 전하고 싶다.

한옥의 한국적인 식물

　여름엔 시원하고 겨울엔 따뜻한 안전한 실내 공간에서 북촌 한옥으로의 이사 직후 식물들은 대체로 엉망이었다. 급격히 달라진 환경에 새로이 적응하느라 여린 식물들은 몸살을 앓았고, 몇몇 식물들은 요단강을 건너기도 했다. 따뜻하고 부드러운 빛을 받으며 자라온 관엽 식물들은 마당의 센 빛 때문에 하루아침에 잎이 바짝 말라버렸고, 쌀쌀한 늦가을 추위에 노출되어 잎을 누렇게 떨구었다.

　이를 지켜보며 내 마음도 바짝 타들어 가는 것 같았다. 식물은 고향이 어딘지에 따라서 선호하는 빛의 세기, 생육 온도가 다르기 때문에 계절과 직접적으로 맞닿을 수밖에 없는 한옥 공간에서는 잘 클 수 있는 식물이 제한적이었다. 이곳에서만큼은 선택권이 내게 없고, 식물에게 있다는 걸 인정해야 했다.

　앓는 식물을 뒤로하고 오히려 더 생생한 모습을 보이며 내게 위로를 건네는 식물은 야생목, 야생화였다. 한국의 전통 건축인 한옥에 어울리는 식물이 한국적일 수밖에 없는 이유는 단순하다. 한옥은 계절을 있는 그대로 맞이하는 공간이기 때문이다. 사계절을 느끼며 계절에 맞는 변화를 거듭하는 식물이어야만 이 공간에서 건강하게 살아갈 수 있다.

그렇게 무더위가 지나가고 검양옻나무의 푸르른 잎이 붉게 물들던 날 나는 마침내 큰 기쁨을 맛보았다. 꼭 드넓은 자연으로 변화하는 계절을 만끽하러 가지 않아도 이 작은 마당에서 계절의 변화를 느낄 수 있는 것이다. 누군가 알려주지 않아도 이곳에서 식물들은 저마다의 모습으로 계절을 알린다. 얼마 전 마당의 식물은 단풍이 절정을 맞이했다. 이 작은 기쁨이 밖으로 나가 거리의 가로수를 올려다보게 해준다. 작은 기쁨이 큰 기쁨으로 이어진다.

패딩을 꺼내 입고 만난 마당의 식물들은 역시나 단풍을 떨구고 겨울이 왔음을 알린다. 겨우내 마당은 약간 쓸쓸하겠지만 언제 그랬냐는 듯 봄이 올 것을 알기에 이 쓸쓸함이 외롭지도 아쉽지도 않을 테다. 한껏 쓸쓸해야 오는 봄을 더 반갑게 맞이할 수 있다는 마음으로 있는 그대로 즐겨보자.

그토록 원하던 여백의 미를, 나목의 운치를!

시간을 들여
가치 있는 것을 사는 기쁨

3년 전쯤 우연히 이 화분을 만나고 넋을 놓은 기억이 있다. 하나하나 만들어 붙인 새알이 모여 고유의 결이 탄생한 이 화분은 지금은 손에 관절염이 걸려 더 이상 작업하지 못하는 작가님께서 만드셨다는 이야기가 있는 작품이다. 그 시절 이 화분을 보고 첫눈에 반했지만 선뜻 사기엔 부담스러운 가격이어서 아쉽게 돌아섰다. 언젠가는 꼭 데려오리라 마음먹고 사진만 찍어 돌아온 뒤 종종 꺼내어 보며 다시금 힘을 내어 일할 마음을 다잡곤 했다.

　　시간이 흘러 오이타라는 이름으로 연 첫 외부 팝업을 성공적으로 마치고, 가장 먼저 그 시절 꿈꾸던 화분을 데려왔다. 이 화분을 들이기까지 꽤 오랜 시간이 걸렸지만 쉽게 얻어낸 것이 아니기에 내게는 더 각별하다. 시간을 들여 가치 있는 것을 사는 기쁨을 알게 된 이후 크고 작은 프로젝트를 마치면 내게 의미 있는 보상으로 (내가 이름 붙인) 새알 화분을 하나씩 구입한다. 차곡차곡 천천히 모이는 화분을 보고 나와 오이타가 조금씩 성장하고 있음을 느낀다. 왠지 이 화분을 이루는 한 알, 한 알이 내가 이것을 들이기까지 뿌린 노력의 행위를 상징하는 듯 많은 이야기를 담아줄 것만 같다.

여백의 미

좋아하는 미술관 근처 삼청동 길목을 걷다가 꽤 성업하던 한복집이 나가고 그곳에 임대 문구가 붙어 있는 것을 보았다. 넓은 창으로 들여다보이는 내부는 하얀 벽, 회색 바닥 그리고 벽 앞에 덩그러니 놓인 의자만 있을 뿐이었다. 나는 한참을 서서 들여다보면서 그 공간에 놓일 식물을 떠올려보기도 하고, 상상 속에서 여러 가지 행복한 장면을 그려보기도 했다.

아. 이런 공간이라면 때때로 전시를 열어도 좋겠다. 내가 좋아하는 일러스트 작가의 그림을 중앙 벽에 몇 점 걸어두고 그와 어울리는 식물을 하얀 스툴 박스 위에 올려 두는 건 어떨까? 잠시 깊은 고민에 빠져서 상상의 나래를 펼치다가 정신을 차리고 다시 나의 아담한 쇼룸으로 향한다. 빈 공간을 많이 만난 산책길은 마치 짧은 여행을 다녀온 것처럼 자연스레 환기되고 또 가득히 충족된다.

자유로운 생각을 담을 수 있는 여백의 공간은 전시회에서 식물을 배치할 때 내가 아주 중요하게 생각하는 조건 중 하나이다. 가지와 가지 사이의 공간을 확보해서 가지의 흐름에 개성을 살리거나, 지름이 넓은 화분을 사용해 줄기 밑동 근처에 충분한 여백을 두는 일 등으로 자연스럽고 편안한 미감을 자아낼 수 있다.

나는 그 공간에 머무는 이들이 식물을 지나 자연스럽게 이어지는 빈 공간에서 식물의 여운을 곱씹을 수 있다면 좋겠다. 그런 의미에서 무한한 생각을 담는 여백도 하나의 작품인 것 같다.

가는 길에 얻는 덤

북촌 골목 어귀에 아담한 한옥. 이곳에 새롭게 둥지를 튼 오이타는 대중교통을 이용할 때는 물론이고 차량을 이용해도 마땅치 않은 주차 공간 때문에 차를 대고도 십 분가량 골목길을 걸어 들어와야 한다. 어디를 가더라도 편리한 주차가 가능한 곳인지가 우선시되는 요즘에, 이곳을 찾아오시는 분들께 불편을 드리는 건 아닌지 많은 걱정이 있었다.

그런데 이런 불편함이 오히려 재미있는 감상을 전해준다는 것이다. 오이타를 향해 걷는 북촌의 작은 골목길엔 지날 때마다 고소한 향기가 코를 찌르는 늘기름집, 오래된 문구점, 사진관, 공방 등 재미있는 볼거리가 가득하다. 손글씨 간판이 걸린 옛 모습 그대로의 건물을 마주하는 일이 어느덧 관광처럼 된 오늘날에 오이타를 찾다 만나는 이 푸근한 골목은 왠지 덤을 받은 느낌일 것이다.

북촌 골목길. 목적을 향해 가는 길에서 우연히 만나는 행복. 그 즐거운 여정이 오이타의 아담한 공간을 넓은 길목에까지 확장해주는 특별한 선물이 된다. 공간이 주는 감동은 공간뿐 아니라 가는 길목에서 발견할 수도 있다. 이 골목이 오래도록 보존되고 소중히 지켜졌으면 좋겠다. 나의 아담한 오이타는 북촌의 아름다운 골목길을 천천히 걷다 보면 만날 수 있다.

작은 식물
화보집

The Little Plant
Collection

208

p.30   시와, <나무의 말> KOMCA 승인필

p.48, 117   김훈, 『내 젊은 날의 숲』, 2010, 문학동네

식물하는
삶

1판 1쇄 인쇄	2021년 3월 24일
1판 1쇄 발행	2021년 3월 30일

지은이	최문정
펴낸이	김기옥

실용본부장	박재성
편집 실용2팀	이나리, 손혜인
영업	김선주
커뮤니케이션 플래너	서지운
지원	고광현, 김형식, 임민진

디자인	스튜디오 고민
인쇄 · 제본	민언 프린텍
펴낸곳	컴인

주소 121-839 서울시 마포구 서교동 양화로 11길 13(서교동, 강원빌딩 5층)

전화 02-707-0337 팩스 02-707-0198 홈페이지 www.hansmedia.com

컴인은 한스미디어의 라이프스타일 브랜드입니다.

출판신고번호 제2017-000003호 신고일자 2017년 1월 2일

ISBN   979-11-89510-19-0 03480